U0225719

安全之书

机智的安全生活

[韩]徐志源/文　[韩]金素姬/图　尚馨/译

中国妇女出版社

著作权合同登记号　图字：01－2021－6047

图书在版编目（CIP）数据

安全之书 ：机智的安全生活 ／（韩）徐志源文 ；（韩）金素姬图 ；尚馨译. -- 北京 ：中国妇女出版社，2022.7
ISBN 978-7-5127-2086-2

Ⅰ.①安… Ⅱ.①徐… ②金… ③尚… Ⅲ.①安全教育－儿童读物 Ⅳ.①X956-49

中国版本图书馆CIP数据核字（2021）第273973号

责任编辑：耿　剑
封面设计：李　甦
责任印制：李志国

出版发行：中国妇女出版社
地　　址：北京市东城区史家胡同甲24号　　邮政编码：100010
电　　话：（010）65133160（发行部）　　65133161（邮购）
邮　　箱：zgfncbs@womenbooks.cn
法律顾问：北京市道可特律师事务所
经　　销：各地新华书店

印　　刷：北京中科印刷有限公司
开　　本：150mm × 215mm　1/16
印　　张：10.75
字　　数：100千字
版　　次：2022年7月第1版　　2022年7月第1次印刷
定　　价：59.80元

如有印装错误，请与发行部联系

编者的话

交通事故、自然灾害、公共卫生及其他突发事件、生活隐患……这些时有发生的安全问题，无论是大人还是孩子，都不能掉以轻心！为了让更多孩子接受安全教育，我们引进了这本由韩国榛树出版社出版的《安全之书——机智的安全生活》，书中讲述了孩子需要具备的关于衣食住行、自然灾害、学校生活、家庭生活、网络交友等方方面面的安全知识，从而帮助孩子提升法治意识、安全防范意识和自我防护能力。

考虑到中、韩两国存在的社会文化差异，我们在尽力保持原汁原味的基础上，对原版图书中涉及的危机处理方法等安全常识进行了本土化处理，譬如虐待、校园暴力等的举报方式。同时，对原版图书中关于交通安全标志、台风命名等具有当地特色的相关知识予以保留，希望借此帮助小读者了解其他国家的一些知识与常识，为培育国际视野和跨文化环境交流的初步能力打下基础。

希望这本“安全之书”能够带给孩子一些切实有用的安全防护知识，伴随他们平安、健康成长。

翻译、编辑过程中难免存在疏漏，还请读者提出宝贵意见。

·作者寄语·

培养良好安全习惯，机智应对大小事故

在韩国，每年都有各种惨烈的事故发生，轮船沉没、大桥断裂、建筑物倒塌，各处发生的火灾、天然气爆炸……

为何如此惨烈的事故总是不断发生？是因为人们对这些事故太轻易地遗忘。1993年，“西海轮渡沉没事故”造成了292个生命的逝去，可是20年之后的2014年，我们又经历了“4·16韩国客轮沉没事故”的惨痛。如果我们认真对待“西海轮渡沉没事故”，做好防范措施，也许令人心痛的惨案就不会发生了。

这正是我们学习安全知识的理由。我们需要从以前的事故中汲取教训，正确做好防范措施，防止事故再次发生，以守护我们珍贵的生命。

事故发生之前不会向你发出预告，所以我们要时刻绷紧那根安全的弦，做好彻底的防范。不仅如此，各种安全守则也要熟记，让它像习惯一样渗透在你的身体里。为此，我们平时在学校都会进行火灾逃生和交通事故逃生等演练，这个时候不能因为是模拟演练就敷衍对待，而要把它们当成实际发生积极参与。另外，一些日常生活中的安全守则要生活化，比如过马路时，如果机动车道红灯亮起，行人可以通过时，不要强行猛闯，而是要先确认一下两边车辆是否停稳；家里的插座上不要插太多的线[①]等。

为了培养儿童的安全习惯，让他们在遇到危机时有能力处置，韩国的教育部制定了涉及安全领域的七大标准方案并在学校内教授。这七大标准方案涉及生活安全、交通安全、暴力预防及人身保护、药物及网络成瘾、灾难应对、职业安全、应急处置等方面。本书可以帮助各位更容易地理解以及实践以上标准方案。书中采用了漫画和“Q&A”（问答）、知识竞赛等多种阅读形式，可以让小读者将安全守则和安全习惯的学习进行到底。

安全问题是关乎性命的重要问题。因此，再怎样强调也不为过。希望通过这本书让小读者们熟记安全守则，成为一个身心健康的人。

---

①在使用插座的过程中我们要购买正规产品，认准3C认证标志，选择有保护门的产品；不要购买所谓多功能、万用插座；使用时也不要过载。——编者注

登场人物

安全王

为动不动就闯祸的冒失鬼和事事小心翼翼的小谨慎提供帮助，告诉他们各种安全守则。

冒失鬼

完全没有“小心谨慎”这个概念，是个小闯祸精，性格活泼开朗，整天在社区里乱窜，常常引发安全事故。

小谨慎

冒失鬼的死党。她做任何事情都小心翼翼，连过石桥都要先敲一敲桥面是否结实再过去。可她总是因为冒失鬼遭遇各种事故。

目 录

第1章

面对灾难应该怎么办呢？

第2章

药物与网络成瘾应该怎么办呢？

第3章

面对失踪与诱拐以及暴力应该怎么办呢？

第4章

遇到交通事故应该怎么办呢？

第5章

若要在生活中确保安全应该怎么办呢？

第6章

面对紧急情况应该怎么办呢？

着火的时候，
绝对不可以躲在衣柜
里面或者床下！
我们要弯下
身体，在浓烟
下面移动。
刮台风的时候，
我们要把自行车
搬到室内。
为了应对突发停
电，我把手电筒
也找出来了。
窗户一定要
关好，锁牢。
呼
洪水到来的时候，
我们要去地势高的
地方躲避。

第1章

面对灾难应该怎么办呢？

① 着火啦，着火啦！

嗯？突然从哪儿冒出来的烟？
好像是从那边飘过来的。

那家房子着火了！
怎么办才好？

救命啊！
屋里还有人，快打“119”报警！

快从窗户上跳下来！
快跳啊，快！

不可以，孩子们！发生火灾时从窗户上跳下来可能会造成更严重的后果。这个时候需要躲到相对安全的地方，等待救助人员的到来。
119

发生火灾的时候我们需要这样做!

- 大声呼喊“着火啦”或者按下火灾报警器，让周围的人都知道有火灾发生。
- 把毯子或者毛巾用水浸湿裹在身上，捂住嘴巴和鼻子，然后低头弯腰走出火场。如果身体直立行走，烟雾就会进入我们的嘴巴和鼻子。
- 发生火灾时，乘坐电梯可能会被困在里面，所以一定要走楼梯。
- 如果楼下已经不能去，那就去楼顶。一旦找到安全地方躲避，就拨打“119”并等待救援人员到来，这个时候绝对不能自己往下跳。
- 报警时要沉着冷静，告诉接线员火灾是在哪里、如何发生的，报告自己所处的位置时一定要准确。

向安全王提问吧!

着火的时候可以躲在衣柜里或者床底下吗？

如果家具燃烧起来，火势会变大到无法控制，那时人将会被困在那里无法动弹，所以着火时不能躲在衣柜里面或者床底下。

着火时为什么要俯下身体？

因为烟雾比空气轻，所以会向上扩散，下面的空气会相对清新，人呼吸起来更容易。如果四周被烟雾围绕，那么我们要尽可能让身体紧贴地面，在胳膊肘的帮助下一点点地前进。此时由于视线被烟雾遮挡，行进过程中可能会受伤，所以尽量不要让腹部挨着地面。

烟雾很浓怎么办？

用水把毯子或者毛巾浸湿，然后捂在口鼻上。当布料蘸上水后，里面的缝隙就会被水堵上，那么我们吸入烟气的概率自然就会降低。如果吸入大量浓烟会让我们无法呼吸，所以尽可能不要让自己吸入烟气。

衣服着火了怎么办呢？

用双手护住脸，然后在地上不停地打滚儿，直到身上的火熄灭。如果因为害怕而来回乱跑，反而会让火势更快变大。

来做一些安全知识小问答吧!

火灾发生时我们应该怎么做呢？请在下列正确的行为后面画“○”，错误的行为后面画“×”。

❶ 为了防止烟雾进入屋内，可以使用被水浸湿的毯子或者毛巾堵住门缝。（　　）

❷ 火灾发生时无论如何都要向楼下逃命。（　　）

❸ 因为火灾发生时逃生越快越好，所以应乘坐电梯下楼。（　　）

❹ 发生火灾时要躲在安全的衣柜内或者床底下。（　　）

❺ 向外躲避时要找那些远离起火建筑物的安全场所。（　　）

正确答案在156页哦!

发生火灾时需要从高处跳下应该怎么办？

这种情况下消防员会在地上安放一个逃生气垫，这个逃生气垫里面充满了空气，它是一种逃生工具，可以帮助我们减少从高处坠落时受到的伤害。但是即使有了逃生气垫，我们从高处跳下时也需要遵循一些规则，不管不顾地闭眼就跳可能会受伤。我们首先要低头并用双手护住头部，接下来为了屁股先落到垫子上，所以身体要做成大写字母“L”的样子跳下。另外，如果几个人同时跳下可能会造成伤害，所以一定要按顺序一个个地跳。

② 家里着火啦!

唉，幸亏你们及时打了“119”，我才得救了，谢谢！
唉
可是怎么就着火了呢？
是啊，怎么突然就着火了？
我本来正在燃气灶上熬着汤，结果给忘了，可能是汤从锅里溢出来，锅烧干了就着火了。
这种情况我妈妈也有过。
我妈妈也有过。
食物长时间在炉子上加热是很危险的。
插满各种电器插头的插座也有很大的火灾隐患。
在家里，引起火灾的因素有很多，所以一定要多加注意。

家里起火时我们要这样做！

- 如果是房间外起火，首先要快速摸一下门把手烫不烫。
- 如果门把手不烫手就小心地打开房门出去躲避。
- 如果门把手烫手就意味着大火已经着到门前，这时需要利用其他方法躲避。
- 如果没有其他出口请如实告知救援人员，清楚说明所处位置后等待救援。
- 当着火点离自己较远并且火势较小，用灭火器就可以扑灭时，请使用灭火器及时处理。使用灭火器时首先要拔出保险销，然后用力按下压把喷向着火点即可。
- 使用灭火器时一定要背风站立，不然会把火势引向自己。

灭火器使用方法①

1.拔出保险销。

2.背风站立并调整好喷嘴方向。

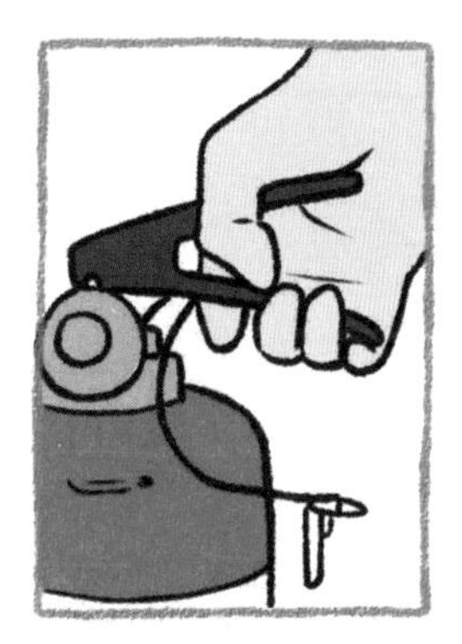

3.用力压下压把。

①干粉灭火器在使用前要先上下颠倒几次，使筒内的干粉松动。二氧化碳灭火器不能用手直接抓住喇叭筒连接管，以防止手被冻伤。灭火器不要倒置使用。——编者注

向安全王提问吧!

着火的时候可以用水而不用灭火器吗？

由于食用油或者汽油等成分可以令火势瞬间变得更大，所以一定要用灭火器。

为什么不能在楼道或者门前堆放杂物呢？

火灾发生时浓烟笼罩，人们根本无法看清前面的路，如果楼道或者门前堆满杂物的话，会阻碍我们快速逃生，所以平时就需要多注意楼道或者门口是否被杂物堵塞。

家里哪些地方容易着火呢？

最危险的地方是厨房，做饭用到的燃气需要时刻警惕。除此之外，容易引发火灾的地方还有很多，插座上接太多电线的话会过热，有可能引发火灾；又或者插座上堆积的灰尘进入插座内部造成短路，也会引发火灾；插头如果没有插好，引起接触不良也会引发火灾；对熨斗之类的高温物品放任不管时也会有火灾隐患；取暖炉也是容易引发火灾的小家电，所以在使用时一定要多加注意。

来做一些安全知识小问答吧！

正确答案在156页哦！

排查火灾隐患

火灾随时随地都有可能发生。所以我们来制作一张“火灾隐患清查表”，提前清查可能引发火灾的众多事项。

清查内容	清查结果	
	良好	不良
电暖气插头拔了吗?		
电熨斗的电源确定已经断开了吗?		
插座上有灰尘吗?		
家中配置灭火器了吗?		
燃气炉的阀门关好了吗?		

（示例）

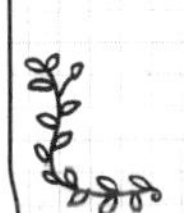

清查内容根据需要制订就可以了。

3 晃来晃去！地震啦！

嗯？
刚才地面好像晃了一下……
怎么会？!

不是的，你快看呀，那灯不是在晃呢吗？!

地……地震了吧？!

怎么办？我们要到屋外吗？
躲到桌子下面是不是更安全一点儿？

这样真的安全吗？

等一下！孩子们，地震发生的时候躲在桌子或者床底下也不是万无一失的。
……

地震发生的时候这样做!

- 如果发生地震，地面在晃动1～2分钟后会短暂地停歇，这时一定要尽快到桌子下或者床底下等安全地带进行躲避。
- 地面晃动会造成周围物品的掉落，所以要用垫子、书包、书籍等物品对头部进行保护。
- 地震发生时，没有建筑物的宽阔场地是安全的。强烈的地面晃动停止后请到空地或者学校操场避难。
- 向室外逃生时不要乘坐电梯，因为可能会被困到里面，请利用楼梯向室外逃生。
- 即使地震停止晃动也不代表不再发生余震，所以不要放松警惕，耳边要时刻响起警报。
- 地震时物品掉落在地面上会有破碎的碴儿，有可能造成双脚扎伤，所以逃生时除了穿鞋，还要穿一双厚袜子。

向安全王提问吧！

地震时为什么要趴在地上呢？

地震时地面会左右晃动，直直地站在那里人会失去平衡而摔倒，更有可能会造成伤害，而且站在那里被掉落的物品砸到的概率也会变大。所以在地面晃动时要保护好头部，迅速趴在地上。

为什么地震时要把大门打开呢？

因为地震的晃动会令大门发生变形而无法打开，那样人不就被困在屋里了吗?！所以为了能在晃动间歇的时候及时到安全的地方躲避，最好把大门打开。

地震发生的时候为什么要避免走较窄的小路或者靠近围墙呢？

因为我们可能会被倒塌的围墙或者柱子砸伤。特别是在那些比较窄的小路上，被倒塌的自动售货机或者掉落的各种招牌砸伤的概率非常大。因此，逃生时要尽量选择那些易倒塌物或者头顶悬挂物相对较少的大路。

来做一些安全知识小问答吧！

地震发生时应该怎么做呢？请在下列正确的行为后面画“○”，错误的行为后面画“X”。

❶ 地面强烈晃动的间歇要躲在餐桌或者书桌下面。（　　）

❷ 为了便于逃生要把大门打开。（　　）

❸ 关闭燃气阀门，电源插头也要尽量都拔下来。（　　）

❹ 到有围墙的窄小胡同躲避。（　　）

❺ 坐电梯避险。（　　）

正确答案在156页哦！

地震的强度是如何区分的？

地震的强度用“震级”来表示。因为最早是由美国地震学家查尔斯·F.里克特创立，所以也被称作“里氏震级”。一般0～2.9级的地震人们大多感觉不到，只有自动记录震动的仪器才能够探知到。3～3.9级的地震人们可以感觉到，但是几乎不会造成大的损害。4～4.9级的地震发生时人们可以明显观察到屋内物品的晃动。5～5.9级的地震会给那些不坚固的小型建筑物带来严重损害。6～6.9级的地震会造成周边建筑物倒塌。7～7.9级地震会给大面积地区带来严重灾害。

4 刮台风啦!

呀，彩纸都用完了。
呼
呼
真是的，就差一点儿这个瓶子就能装满了。

你等一下，我这就去买一些回来。
呼
哎，不行！
外面不是正刮台风呢吗？!
这会儿没事，而且文具店走两步就到了。
呼

那好像也不能出去啊！

不可以，孩子们。刮台风的时候出门太危险了！

刮台风的时候要这样做!

- 刮台风时待在室外是危险的，要尽可能待在家中或者建筑物内，减少外出。
- 要尽量锁紧门窗避免晃动。大风可能会导致窗户破裂，所以要尽量待在远离窗户的地方。
- 由于台风会把放在室外的自行车、花盆等物体吹倒或者吹飞，所以要把这类物品搬回室内。
- 台风可能会造成停电，所以要提前准备好蜡烛或者手电筒。
- 如果刮台风时正好身处室外，那么一定要避开种着树木和挂满招牌的道路一侧。因为台风会刮倒树木，吹落招牌。

向安全王提问吧！

刮台风的时候为什么不能去河边呢？

因为台风会带来暴雨，造成水位快速上涨。水位上涨，水流量增大，就可能把我们冲走。因此，刮台风时最好不要去河边，哪怕是再浅的小河也不要去。

刮台风时为什么不能站在红绿灯附近呢？

因为台风时的狂风暴雨可能会造成触电事故的发生。不光是红绿灯，我们还要远离有高压线或者路灯的地方。

为什么刮台风的时候走楼梯要比搭乘电梯安全呢？

台风或者洪水来临时人在电梯内可能会引发触电事故，所以利用楼梯逃生的方式更加安全。

为什么刮台风的时候小朋友不能出门呢？

小朋友的体型小，也没有力气。面对能把参天大树连根拔起的狂风当然是危险的，对吧？而且小朋友的爆发力不足，很难应对危险状况。所以，刮台风时小朋友们留在家里是安全的选择。

在台风到来之前我们需要做什么准备呢？

首先要检查一下排水口是否畅通；汽车有可能被水淹，所以应该把车开到安全的地方；自行车也要搬到屋里。

来做一些安全知识小问答吧!

刮台风时应该怎么做呢？请在下列正确的内容后面画“○”，错误的内容后面画“X”。

❶ 刮台风时如果有雨伞也可以出门。 (　　)

❷ 为了尽快回家，刮台风时要搭乘电梯。 (　　)

❸ 刮台风时尽量远离窗户。 (　　)

❹ 刮台风时站在高压线下也没关系。 (　　)

❺ 刮台风时可以在浅水边玩耍。 (　　)

正确答案在156页哦!

台风是怎么命名的呢？

台风是温暖的空气在海洋上与大量水蒸气结合、旋转，并带来狂风暴雨的一种天气现象。根据发生地点的不同，台风的名称也不一样。在北太平洋西南地区生成的叫台风，在北大西洋及墨西哥湾一带生成的叫飓风，在印度洋、阿拉伯海、孟加拉湾一带生成的被称作气旋。

为了引起亚洲各国人民对台风的关注，提高大家对台风的警惕，台风委员会从2000年开始按顺序使用亚洲14个国家或地区提出的名称来命名台风。其中韩国提出的有“蚂蚁”“玫瑰”“蝴蝶”等。

5 发洪水啦！

好凉啊！
这是怎么回事？
哗
Z
Z

爸爸，有水进到帐篷里了！
看来肯定是河里涨水了。

现在怎么办？
应该提前看下天气预报的……
哗
哗

河水上涨会很快的，赶紧撤离这个地方！
知道了。
哗
都说过洪水很危险的。

发生洪水时要这样做!

- 如果感觉突如其来的洪水可能会淹没房屋，那么首先请撤离到地势较高的地方躲避。
- 如果洪水发生时正坐在车内，在车外水位明显上升时要即刻下车到高处避难。
- 不可以在小溪、江河等岸边停留。在你眨眼的瞬间，水流就可能大到将你卷走，十分危险。
- 及时收听电视或者广播预警，按照指示行动。
- 从洪水中逃离出来之后要马上洗澡，因为水里有很多细菌。
- 绝对不要吃掉到洪水中的食物，使用自来水之前要先观察水质是否受到污染。

向安全王提问吧！

洪水是什么？

洪水就是由强降雨等自然因素引起的江、河、湖、海的水量迅速上涨并造成损失的自然灾害。虽然洪水一般都由强降雨引起，不过还有一种说法认为排水设施不完善也可能会引发洪水。

为什么应对洪水需要准备“安全箱”？

发生洪水时可能需要到户外避难，如果这个时候能有一个装有应急药品、少量食物和饮用水的“安全箱”，那么在救援人员到来之前你就可以坚持得更久一点儿了。

为什么发生洪水时要关闭燃气阀门，拔下所有电源呢？

当家里进水时燃气管道可能会发生泄漏造成危险，所以一定要把燃气阀门关好。另外，由于存在触电风险，所以最好拉下电闸并拔下所有电源插头。

发生洪水时一定要躲到地势高的地方吗？

洪水到来的时候要撤离到不会淹没自己的地方，尽可能不要去地下设施或者地势低的地方。所以，如果有了洪水预警，是不是提前了解一下哪里适合避难更好呢？

来做一些安全知识小问答吧！

洪水到来时应该怎么做呢？请在下列正确的内容后面画“○”，错误的内容后面画“X”。

❶ 电线如果被淹是危险的。（　　）

❷ 发生洪水时不去地势低的地方。（　　）

❸ 发生洪水时有可能要游泳逃生，所以要穿泳衣。（　　）

❹ 要准备应对洪水的安全箱。（　　）

❺ 汽车行驶途中进水一定要马上下车向高处逃生。（　　）

洪水到来之前需要做些什么准备呢？

首先，观察一下家附近的下水道，因为下水道堵塞可能会造成雨水倒灌流进屋里。其次，为了预防水流进屋里，要提前准备好沙袋。如果是独栋住宅，要在台风季到来之前对屋顶和围墙进行修理，防止倒塌。最后，饮用水可能会遭到污染，所以提前准备好足够的饮用水也是有好处的。

药丸和软膏应该在室温下保存。
粉末状药物当然要存放在湿度小的地方。
儿童每天咖啡因的摄入量不能超过60毫克。
咖啡
吃药之前一定要确认有效期并且仔细阅读服用方法。
空气清新剂也是一种化学产品，使用后一定要进行一段时间的通风换气。
你别太使劲儿地吸了。
啊，真香啊！
吸
溜

第2章

药物与网络成瘾应该怎么办呢？

① 不要随便吃药!

感觉有点儿
冷呢。
阿嚏!

你没事吧?
怎么看都像是
感冒了。

不用去医院
看看吗?
不用,吃点儿
药就行了。

和上次的感冒症
状一样啊!
药不能瞎吃。

找到了,吃这个药
应该没事。
不可以!
一定要听医生的,
按医生开的处方
吃药。

服药时需要这么做!

- 要去找医生查看症状，按照医生开出的处方服药。就算是同一种病，也有可能与上次发病时的症状不一样，所以每次都要去看医生，按医生开的处方服药。
- 一定要按照处方上面的服用方法服用，不能因为感觉不舒服就加大药量或者因为讨厌吃药就减少用量。
- 药物过期就不要再服用了。就和食用变质食物导致腹泻一样，服用过期药物可能会失去疗效，甚至加重病情，让你变得更加难受。
- 不能因为症状相似就服用其他人的药物。因为根据年龄、体重、性别的不同，药物的用量和种类也有可能不同。

向安全王提问吧！

为什么不能随便吃药呢？

假如服用方法不对或者所服药物并不适用于你的症状，那就是错误服用。我觉得不管吃什么药，如果应该一天分3次服用，而你1次就把3次的全都吃了，这就是错误服用。错误服用药物会导致症状加重或者出现其他异常，所以一定要遵医嘱服用。

吃药之后特别开心，所以没有病的时候也想吃药，可以吗？

持续过量服用药物或者服用药物的目的并不是用于治病，这些行为被称为滥用药物。为了让自己心情愉快而吃药当然也属于滥用药物。滥用药物会让身体产生耐药性[①]，当你真正病了需要吃药的时候可能就需要加大药量了；而且滥用药物还会产生上瘾等副作用，需要我们注意。

我可以用饮料送药吗？

药需要用温水服用。这样才能让药物更快地融入体内产生作用，也可以对胃起到保护作用。用饮料送药会影响药物在体内的吸收。

①耐药性指反复服用一种药物而导致药效降低的现象。——译者注

来做一些安全知识小问答吧！

吃药时应该怎么做呢？请在下列正确的内容后面画“○”，错误的内容后面画“X”。

❶ 可以用可乐来服药。（ ）

❷ 不舒服的时候先吃家里有的药。（ ）

❸ 吃药要定量。（ ）

❹ 放置时间太久的药最好扔掉。（ ）

❺ 就算没有生病，为了预防也可以吃药。（ ）

正确答案在156页哦！

② 药物要安全保管！

奇怪了，我好像把药膏放在这儿了呀……
妈妈，你在找什么呢？

你见没见过受伤时涂抹的那个药膏？我好像就放在这里了啊。
啊？

我在阳台的架子上见过。
是吗？

在这儿呢！不过颜色怎么好像不一样了，而且还有一股怪味儿。
吸溜

哎哟！原来药膏的盖子没盖好，不管放在什么地方颜色都会变的呀。
还有专门保管药膏的方法吗？

当然了！不仅是药膏，其他药品也要用正确的方法存放在固定的地方，这样才能放心地使用。
安全

保管药品的时候这样做！

- 药品要存放在原有容器内，并放置到阴凉、干燥处。
- 使用滴眼液、滴耳剂一类药物时，注意不要让液体出口直接接触到眼睛或者耳朵。因为万一有人也使用了同一类药物，就可能造成病菌的传染。
- 糖浆类药物要在室温下存放，防止阳光直射，服用之前一定要确认药品的颜色及味道是否发生变化。值得注意的是，有些糖浆类药物需要冷藏保存。
- 粉末状药物需要存放在干燥的地方。如果存放于浴室或者冰箱等地方，里面的湿气会使药粉成分发生变化。
- 药膏要拧紧盖子，室温下存放。这类药品开封前一般都可以存放2年左右，不过开封后一般超过6个月就不要再使用了。

向安全王提问吧！

药膏怎么涂才安全呢？

不要让药膏的管口处碰到伤口，因为那样可能会对剩余的药膏造成污染。因此，使用药膏时要用棉签蘸取适量使用。

听说有时候就算症状完全一样，使用的药品也会不一样？

就好比过敏严重的时候和被蚊子叮咬的时候都会有皮肤很痒的症状出现，但是过敏引起的皮肤发痒要用相应的抗过敏药，而被蚊子叮咬导致的皮肤发痒则要涂抹花露水等。这是因为针对不同病因，药物疗效也会不一样。

吃药前需要确认什么呢？

药物形状或者颜色有很多都是相似的，所以吃药前要确认是不是自己需要的，别搞混了，然后还要确认药品是否过期。

来做一些安全知识小问答吧！

药品应该怎样存放呢？请在下列正确的内容后面画“○”，错误的内容后面画“X”。

❶ 药粉类一定要冷藏存放。 （ ）

❷ 服用糖浆类药物时要确认一下颜色和味道是否发生变化。 （ ）

❸ 药丸要换到一个新的容器内存放。 （ ）

❹ 因为药物没有有效期，所以没有全部吃完前不要扔掉。 （ ）

❺ 滴眼药时要让瓶口接触到眼睛并固定位置后再滴。 （ ）

正确答案在156页哦！

听说药品也有有效期？

就好像食物有保质期一样，药品也有有效期。过期药品的疗效可能会降低，或者性状发生改变，所以需要扔掉。

废弃药物不能随便乱丢。如果把废弃药品和普通垃圾一起埋到地下，会被土壤吸收造成污染。如果废弃药物通过地下水流入江河，还可能会对我们的饮用水造成污染。最安全的方法就是将废弃药物投入到药店或者保健所的“废弃药物收纳箱”中。[①]

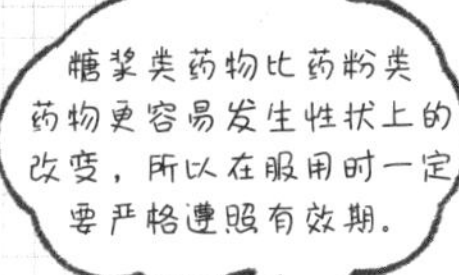

①此为韩国处理方法，与我国处理方法可能不同。比如，在我国废弃的药品可以丢弃到有毒废物垃圾箱，具体请参考当地垃圾分类方法。——译者注

③ 小心化学产品！

啊，好渴呀！水，水！

啊，看着就凉快！

等一下，这好像不是水呀！
别胡说了，这颜色跟水一模一样。

可是味道很刺鼻，千万不要喝。
跟你说了，我很渴！

哎呀，冒失鬼！
那个不是水，是我打扫卫生要用的漂白剂！
化学产品不可以放在儿童能够接触到的地方。
唉

要注意身边存放的化学产品！

- 漂白剂、洗涤剂、杀虫剂、清新剂、黏合剂等，这些化学产品不可以随便触摸或者食用。
- 化学产品要存放在儿童接触不到的地方。
- 为了易于分辨，要在装有化学产品的容器外标明“危险”字样。
- 不要更换化学产品自带的容器，特别是不能装在原来装饮料或者其他食物的容器内。
- 如果化学产品不慎进入眼睛，要马上用清水冲洗眼睛，然后到医院求助医生。
- 在使用杀虫剂、清新剂等喷射型化学产品后，一定要开窗通风换气，否则我们可能会吸入混有化学成分的空气。

向安全王提问吧!

怎样才能做到安全使用化学产品呢?

虽然各种化学产品都会危害我们的身体,但在生活中还是不能少了它们。因此,安全地使用化学产品就显得尤为重要了。首先要做到的就是遵循包装容器上标注的使用量。因为使用量不正确可能会发生危险。再者,使用化学产品时要戴上橡胶手套,防止直接接触皮肤。万一不小心弄到皮肤上要及时用水冲洗干净。清洗厕所时使用的漂白剂是无色透明的,特别要小心这些容易被误认为水的化学产品。还有一些化学产品会灼伤皮肤,一定要注意不要沾到皮肤。

生活中常用的化学产品也要先问过大人才能用吗?

消灭蚊虫的杀虫剂、去除衣服异味的除臭剂、散发香气的芳香剂都是日常生活中常常会用到的化学产品。这些东西都不可以随便触摸或者品尝,使用前要向大人确认,按照正确的用途、用量使用。

化学产品不可以随便丢弃吗?

使用后剩下的化学产品和包装要按照说明书写明的方法或者按照地方政府的相关规定进行处理,只有这样才能保证安全。

来做一些安全知识小问答吧!

要想安全地使用化学产品应该怎么做呢？请在下列正确的内容后面画“○”，错误的内容后面画“X”。

❶ 有的化学产品只要碰到皮肤就会对皮肤造成灼伤。（　　）

❷ 化学产品不小心进入眼睛，用嘴吹一吹就好了。（　　）

❸ 小孩子不能随便吃化学产品。（　　）

❹ 无色无味的化学产品也可能是危险的。（　　）

❺ 使用化学产品前一定要得到大人允许。（　　）

正确答案在156页哦!

确认危险的化学成分

化学产品中含有多种成分，特别是其中有些成分对人体是有害的，比如苯、铅、甲醛、防腐剂等。我们在购买各种化学产品的时候，要仔细查看产品注明的成分表，最好避免买那些含有害成分的产品。

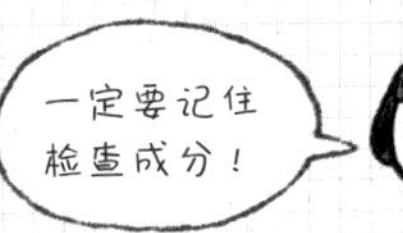

④ 对咖啡因和智能手机上瘾是危险的！

不想对咖啡因和智能手机上瘾就要这么做！

- 可乐、巧克力、咖啡、能量饮料、绿茶、咖啡味儿的冰激凌等都含有咖啡因，所以不要过量饮用或食用。
- 购买饮料、食品的时候，一定要确认是否含有咖啡因。
- 口渴的时候不要喝可乐，要喝水。
- 睡觉前看手机会造成入睡困难，所以睡觉前2小时就不要再使用手机了。
- 比起玩儿手机，和朋友们一起在室外跑跑跳跳，那样玩儿得更有乐趣。
- 制订一些可以控制玩儿手机的规则并实践。
- 学习或者吃饭等不需要手机的时候要把它交给父母保管。

向安全王提问吧！

咖啡因上瘾是什么意思呢？

咖啡因上瘾就是指我们总是想喝或者吃那些含有咖啡因的饮料、食物。如果上瘾，那么你对咖啡因的需求量会渐渐变得越来越多，一旦摄入量过多就会产生很多副作用，比如神经变得敏感或者失眠、心率加快等。

含有咖啡因的食物都有哪些呢？

这其中最具代表性的就是大人们常喝的咖啡和绿茶了。不过小朋友们吃的咖啡味儿冰激凌、巧克力，常喝的咖啡味儿牛奶，以及可乐、汽水等碳酸饮料中也含有咖啡因。咖啡因会让你无法进入深度睡眠，进而影响生长激素的分泌。

我们每天摄入多少咖啡因是安全的呢？

成年人每天不超过400毫克就可以，但是小朋友每天不能超过60毫克。一小块巧克力大约含有16毫克咖啡因，一盒咖啡味儿冰激凌大约含有29毫克，一瓶可乐中大约有23毫克，一瓶咖啡牛奶里面大约有47毫克。所以，要想咖啡因不超标，每天最多吃3小块巧克力或者2盒咖啡味儿冰激凌，或者喝一瓶咖啡牛奶就足够了。

为什么看手机会降低注意力呢？

我们的大脑分为左脑和右脑。可是我们看手机的时候只会用到一边的大脑，而另一边的大脑几乎用不到。长期如此，经常使用的那一边大脑压力过大，自然注意力就降低了，对健康也会产生危害。另外，长时间看手机也会对语言能力、运动能力、思考能力等方面的发育产生负面影响，所以小朋友最好能控制使用手机的时长。

来做一些安全知识小问答吧！

要想不对咖啡因和智能手机上瘾应该怎么做呢？请在下列正确的内容后面画“○”，错误的内容后面画“X”。

❶ 咖啡因摄入越多越好。（ ）

❷ 儿童每天摄入的咖啡因可以超过400毫克。（ ）

❸ 成长期的儿童如果喝了太多含咖啡因的饮料或吃了太多含咖啡因的食物会影响生长激素的分泌。（ ）

❹ 超市里销售的食物都是安全的，所以不用再去确认是否含有咖啡因。（ ）

❺ 就算长期使用智能手机也不会对注意力产生影响。（ ）

正确答案在157页哦！

我对智能手机上瘾了吗？

如果表格中出现了4个以上的“○”，那么你就已经是严重的智能手机上瘾者了，以后一定要减少智能手机的使用时间。如果表格中出现了3个以上的“○”，那么你就处在危险边缘了，需要减少智能手机使用时间，养成合理使用智能手机的习惯。如果表格中出现了2个“○”，那么说明你的智能手机使用习惯良好，无须担心。

内容	标记
过马路时也看手机	
和父母聊天时也看手机	
手机不在身边就会感到不安	
使用手机经常超时	
独处的时候觉得玩儿手机是最有意思的	

5 我也对社交网络上瘾了吗？

为了预防社交网络成瘾应该这么做!

- 如果时不时想上社交网络看看，那么就有上瘾的危险。
- 要规定好社交网络的使用时间，比起不限时间地自由使用，这样做心理上多少会有一些顾忌。
- 使用手机时把画面颜色改为黑白。人们更容易受到鲜艳颜色的影响，因此黑白画面有助于减少手机使用时间。
- 关闭社交网络的信息通知，那么想要确认评论或者点赞数的欲望就会被压制。
- 如果不能控制自己，社交网络使用总是超时的话，那么就把手机交给父母保管，只在需要时拿出来使用。

向安全王提问吧!

社交网络是绝对不能玩儿的吗？

通过社交网络我们可以和朋友联络、沟通并获取信息。但是过度沉迷就会造成时间的浪费，许多应该做的事情无法认真做好。所以，最好可以在限定的时间内使用社交网络。

面对面的交流要比在社交网络上交流好吗？

点赞和发表评论是一种和他人交流的行为。但是把你的身份信息或者生活轨迹告诉一个不认识的人是危险的。所以，在网络上人与人之间的交流就很难深入了。因此，要争取在实际生活中多交朋友，互相交流，分享内心感受。

这不是获得关注的好方法吗？

有些人为了在社交网络上获得关注，积极发表内容或者恶意评论，甚至还会发表一些侮辱他人的文字。这种错误行为只会获得短时间的关注，而且还会对你在现实中交朋友产生不好的影响，因为没有人会喜欢这种行为。

生活中的安全常识

我真的对社交网络上瘾了吗？请在下列符合自己情况的内容后面画“○”，不符合的内容后面画“×”。

❶ 要花大量时间在使用社交网络或者制订社交网络使用计划上。（　　）

❷ 和朋友见面交流要比通过社交网络交流更方便。（　　）

❸ 有时候会因为玩儿社交网络而没能完成作业。（　　）

❹ 在社交网络上发布内容之后总是想看看大家对内容的反应。（　　）

❺ 如果不能用社交网络就会感到烦躁不安。（　　）

❻ 其实也不是非看不可，可就是忍不住一天要看好几次社交网络。（　　）

❼ 玩儿社交网络经常忘了时间。（　　）

如果上面有6个以上的“○”，说明你已经对社交网络上瘾了，从现在开始一定要注意。
如果有3～5个“○”，说明你已经处在上瘾边缘，请务必注意。
如果少于2个“○”，说明你没有上瘾，可以放心。

我把这瓶饮料给你喝，你能跟我去那边帮个忙吗？
我们是小孩子，帮不了你。
你去找大人帮忙吧。
是警察吗？我朋友被她妈妈打了，脸上有很多伤痕，请帮帮我们吧！
我们迷路了，请帮帮我们吧！
我们家在xx区xx路xx小区。
电话是xxx-xxxxxxxx。

第3章

面对失踪与诱拐以及暴力应该怎么办呢？

① 我迷路了！

噔噔
噔噔

嗯？
怎么了？

这是哪儿啊？
什么？你不是认识路才一直走的吗？！

我以为一直走就到了。

那现在怎么办？
先继续往前走吧。

等一下！迷路的时候不管三七二十一就继续往前走是不行的。

迷路的时候要这样做!

- 不要一味地埋头继续走，要停下来向周围的人寻求帮助。
- 寻求帮助的时候最好找警察或者带孩子的大人，这样相对安全。不要哭泣、慌张，要详细地把姓名、住址（或者目的地地址）、电话号码等内容说出来，这样会更加容易找到正确的路。
- 万一周围没有人可以求助，那么就找找附近是否有公用电话。按下紧急拨号键就可以拨打“110”寻求帮助。
- 即使不知道手机的解锁密码，在锁屏状态下也可以按下紧急通话与“110”取得联系，所以不要惊慌。
- 外出时一定要告知父母，并征得同意后再出去，这样父母就容易找到你。

向安全王提问吧！

为什么迷路之后就不要再继续走了呢？

已经迷路了却还闷头继续走，这样就会离来时的路越走越远，有可能走到一条完全不认识的路上去。特别是原来跟大人在一起，走着走着却独自走丢的时候，留在原地不动会让大人更容易找到你。

为什么迷路时不能随便找个人帮忙呢？

迷路时不要哭，要向成年人寻求帮助，这一点非常重要。但是，如果这个陌生人是个坏人，可能会把你拐走，或者伤害你，所以一定要慎重。最好向周围商店里的店员、警察，或者带孩子的大人寻求帮助，这样更加安全。

为什么出门前要把目的地告诉父母呢？

提前把目的地告诉父母，他们可以接送你。再有，只有父母知道你在什么地方，才可以在你没有按时回来的情况下及时去找你。外面飞驰的汽车、复杂的路况等，这些对于小孩子来说十分危险的因素很多，所以外出之前一定要告诉父母。

来做一些安全知识小问答吧！

迷路时应该怎么做呢？请在下列正确的行为后面画“○”，错误的行为后面画“X”。

❶ 哭闹着向任何人求助。 (   )

❷ 要沉着、冷静，尽力回想爸爸妈妈的姓名、电话还有地址等。 (   )

❸ 拜托带小孩的大人送自己到派出所。 (   )

❹ 找到公用电话拨打“110”寻求帮助。 (   )

❺ 和妈妈一起走着走着却迷路的情况下要在原地等妈妈。 (   )

正确答案在157页哦！

说出明显的招牌或者建筑物

万一迷路的话，不要走进小胡同，要走到大马路上。因为大部分小胡同都很相似，没有明显的建筑物，要想说明自己所处的具体位置就很困难。同时，大马路上会有更多可以求助的人，还会设置公用电话。用公用电话拨打“110”之后要向警察描述周围能够看到的明显招牌或者建筑物，以便警察确定位置。如果有钱拨打公用电话，那么就直接打给父母，用同样的方式说明位置。

② 不可以跟陌生人走！

小朋友，叔叔还有更可爱的小狗呢，要不要跟我去看看？
哇，真可爱！

顺着那边那条大路走，一会儿就到了。
在什么地方？我要去看！

家里的小狗长什么样呢？

嗯？冒失鬼这是要去哪儿呢？我们好像不认识那个叔叔呀。

喂，小谨慎！跟我一起去叔叔家看小狗吧！
小狗？

等一下！不可以随便跟不认识的人走。
！！！

有陌生人靠近时要这么做!

- 不可以随便接受陌生人递过来的钱、饮料、零食等。
- 如果遇到陌生人问路或者寻求帮助，要拒绝并告诉他们“请去找大人帮忙”。因为大人是不需要小朋友帮助的。
- 如果看到朋友和陌生人在一起，或者想跟陌生人走，请马上把这件事告诉大人。
- 不要在没有人的游戏场地一个人玩耍，因为有陌生人过来时，你无法寻求帮助。
- 独自在家时接到陌生人的电话，一定不要告诉对方自己是一个人在家。陌生人询问爸爸妈妈的名字时也不可以告诉他们。

向安全王提问吧!

如果不认识的人说是妈妈拜托他（她）来接我的要怎么办呢？

就算他（她）说“你妈妈很忙，所以拜托我来接你”也绝对不可以跟他（她）走。爸爸妈妈不会拜托不认识的人去接你。假如这个陌生人一直要求你跟他（她）走，那么就让他（她）给你的爸爸妈妈打电话进行确认。

当搭乘电梯时只有我和一个陌生人的时候怎么办呢？

电梯里只有你和一个陌生人的时候是危险的。这种时候就不要进电梯了，等一会儿有其他人来了再一起进。

有陌生人让我搭车的时候怎么办呢？

绝对不可以上车。如果对方强行拉你上车，请向周围的人呼救，大声喊：“我不想上车！别这样！救救我！”如果车上的人跟你说话，一定要保持站在即使他伸手也不能碰到你的位置进行对话。

就算是认识的人也要小心吗?

哪怕是住在同一个小区，经常可以见到的人，也不能无条件相信。因为就算平时再和蔼可亲的人偶尔也会产生坏心眼儿。特别是当你一个人在家时，就算认识的人来敲门也不要轻易开门或者跟他走；更不要打开门接收快递，让快递员把东西放到传达室或者门口。

来做一些安全知识小问答吧！

当有陌生人走近的时候应该怎么做呢？请在下列正确的行为后面画“○”，错误的行为后面画“X”。

❶ 可以吃或者喝陌生人递过来的食物、饮料。（ ）

❷ 如果一个陌生人说是替妈妈来接你的，那么你可以跟他（她）走。（ ）

❸ 独自在家的时候，快递员来送快递绝对不可以开门。（ ）

❹ 有陌生人向你求助的时候要拒绝，告诉他们“请去找大人帮忙”。（ ）

❺ 有陌生人想强行把你带走时要大声求救，高声喊“救救我”！（ ）

正确答案在157页哦！

不要把个人信息告诉别人！

不可以把个人信息随便告诉别人。因为这些信息可能会被恶意使用到犯罪行为之中。万一有不认识的人问起你的姓名或者父母的姓名、电话、地址等，千万不要告诉他，让他直接去问你的父母。

在网络游戏或者聊天中遇到的人也算陌生人，所以我们的个人信息也不可以告诉这些人。另外，这些人要求你在现实生活中见面也绝对不可以去。如果他们一直要求见面，一定要告诉父母。

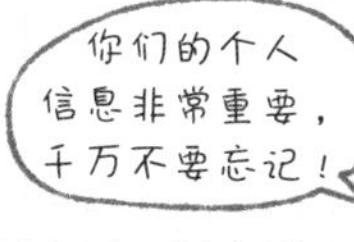

③ 网络暴力也是暴力！

我传到网上的照片有人评论了啊，让我看看说了什么呢？

天啊，怎么会有人说这样的话！
小谨慎是个蠢猪、笨蛋、XXX，是世界上没用的废物！

这是谁写的！你给我出来，出来！

嗯？耳朵怎么这么痒？谁骂我了？唉，赶紧把恶意评论放上去。
小谨慎好像又发照片了。

真郁闷！竟然对我说这样的话！
发恶意评论真是太好玩儿了！
嘿嘿

在网络空间说不好的话，
也是一种暴力和犯罪！

对于网络暴力，我们这样处理！

- 由于我们的社交账号可能会被他人盗用并进行恶意评论，所以账号密码不要告诉其他人。
- 不要在公用电脑上储存自己的账号、密码等个人信息。
- 如果在网络上有人试图与你进行一些不喜欢的对话，那么要向对方明确表达出自己的反感。
- 安装可以屏蔽恶意评论等不良内容的软件。
- 当持续遭受网络暴力时，请及时截屏保存证据并向大人寻求帮助。

向安全王提问吧！

什么是网络暴力呢？

网络暴力指在网络上发表一些令人感到难受、感到受折磨的文字、图片等行为。比如辱骂、谈论令人感到羞耻的性话题，当然还有造谣，在社交群里排挤同学、朋友等，这些都算网络暴力。

如果持续遭到网络暴力应该怎么办呢？

如果持续遭到网络暴力就要举报。大部分网络暴力的受害者都比较内向、害羞，对于报警这件事会有很多顾虑。其实大可不必有顾虑，因为网络暴力并不是因为受害者做错了什么才发生的。为了让这种犯罪行为消失，这个时候我们应该堂堂正正地站出来抵制网络暴力。

网络暴力这种行为为什么不好？

在网络上我们的身份都是隐蔽的，所以任何人都可以很容易地发起网络暴力。而且网络时代，谣言可以瞬间传遍全世界，受害者遭受的损失当然也会更大。再有，只要遭受过一次网络暴力，这些记录可能就会跟随受害者一生，这些内容很难被删除，令其永远生活在恐惧之中。

如果不想成为实施网络暴力的人应该怎么做呢？

由于网络上大家都是匿名的，所以很容易陷入网络暴力的诱惑。但是我们绝不能忘记以下事实，那就是我们以为开玩笑说的一些话也许会给别人带来极大的伤害，并且这种行为也是一种犯罪。我们还要记住，要像对待现实中的人一样对待网络上遇到的人，同样要给予别人尊重。

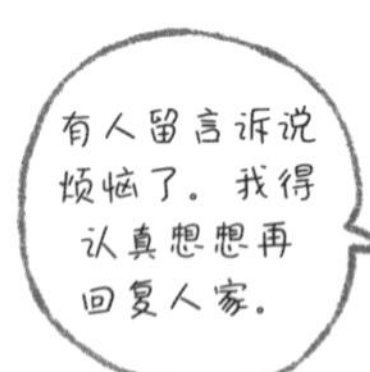

来做一些安全知识小问答吧!

当你遭遇网络暴力的时候应该怎么做呢？请在下列正确的行为后面画“○”，错误的行为后面画“X”。

❶ 如果遭到网络暴力，就原封不动地还击回去。（　　）

❷ 可以使用别人的社交账号造谣或者说脏话骂人。（　　）

❸ 即使持续遭到网络暴力也一定要忍。（　　）

❹ 如果遭到网络暴力，请向相关部门举报，以免此类事件再次发生。（　　）

网络暴力举报平台

网络暴力不是单纯地开玩笑，而是犯罪。如果你在网络上遭受侮辱性言论、令人产生性羞耻心的言论、令人名誉毁损的言论等，并且因此受到损失的话，可以在以下网站进行举报或者打电话进行求助。①

1.中央网信办违法和不良信息举报中心

网址：https://www.12377.cn

电话：12377

另外，还可通过网信办举报中心官方微博、微信公众号以及下载举报App进行举报。

2.拨打“110”报警电话

①此处内容已根据我国情况作出相应更改。——译者注

④ 朋友的身上有伤痕！

咪咪，你脸有点儿红，是不是抹了什么粉底了？哈哈！
不是的，我没有……

冒失鬼，你干吗总是逗咪咪玩儿？说不定她是有什么事呢！
有事儿？能有什么事儿？就是摔了一下吧？

小谨慎，没什么大不了的。我就是不小心摔了一跤。
只是摔了一跤的话好像不会弄成这样啊！

呜呜……
咪咪，你说实话，是不是有人把你打成这样的？

实际上……是我妈妈打的。
咪咪，这个时候你应该找别的大人求助啊！

儿童
儿童是需要我们去保护的！
向儿童实施暴力是犯罪行为！

如果你有朋友遭到虐待要这样做!

- 如果你的朋友疑似遭到虐待，请说服朋友去报警。因为虐待儿童是一项很严重的罪行。
- 报警时请向警察说明被害儿童的现状以及施虐者是谁、为什么要这样做。
- 无法做到独自报警的时候，请向父母或者老师等周边大人求助。
- 如果受害者对于遭到虐待这件事感到羞耻，请告诉你的朋友这并不羞耻，不是他（她）的错，而且不论发生什么事，对方都不应该使用暴力。
- 除了对身体造成伤害，对儿童进行辱骂、心理折磨，或者放纵不管都属于暴力行为。

向安全王提问吧！

虐待儿童是指什么呢？

顾名思义，虐待儿童就是指对儿童进行打骂、折磨，造成伤害性地拧、咬、抓挠、打等行为，还有不让其睡觉、脱光衣服将其赶出家门等行为都是虐待儿童。除此之外，不让儿童好好吃饭、对他放任不管或者让儿童生活在恶劣环境中、不让儿童上学、生病时不带其去医院就医等也是虐待儿童。

小孩子犯了错误难道不应该被打吗？

不论发生什么，我们都不可以容忍暴力。“不听话就该打”“他这么做就是找打”“因为爱才打”等，这些都不是可以使用暴力的理由。我们要记住，不听话那就解释到孩子听为止，世界上没有什么行为是做了就要挨打的，殴打绝对不是爱的表现。

如果儿童遭到虐待应该怎么应对呢？

万一遭到虐待要即刻拒绝，然后躲到没有这个施虐者的地方。如果周围有大人可以求助，不要犹豫，马上把发生的事情告诉他们。

来做一些安全知识小问答吧!

儿童遭到虐待时应该怎么做呢?请在正确的行为后面画"○",错误的行为后面画"x"。

❶ 看到有儿童遭到虐待，要装作不知道。 (　　)

❷ 儿童被虐待都是他自己的问题，我没必要站出来。 (　　)

❸ 虐待儿童是犯罪行为，所以一定要报警。 (　　)

❹ 看到虐待儿童的行为要拨打"110"报警。 (　　)

❺ 如果自己遭到虐待，一定要告诉邻居或者老师，并请求帮助。 (　　)

正确答案在157页哦!

举报儿童遭受虐待并不难!

儿童遭受虐待，有很多种渠道可以进行举报。现在，人们还可以通过App举报，而且举报后不用担心因为举报而受到伤害或者骚扰。

儿童虐待举报途径包括但不限于①:

- "110"(公安报警电话)
- 当地妇联
- 社区居委会

①此处内容已根据我国情况作出相应更改。——译者注

5 排挤他人也是一种校园暴力行为!

当你遭受排挤的时候这样做吧！

- 告诉老师或者父母，情况严重时请报警寻求帮助。
- 用日记的形式把遭遇到的暴力内容记录下来，以后可以作为证据使用。
- 向施暴的一方明确表示“我不喜欢这样”。
- 遭受排挤的一方并没有犯错，不要害怕、畏缩，要充满自信地把自己最自信的一面展现出来。
- 如果有需要，可以找专业人士帮忙，或者去医院找心理医生进行谈话，治疗心理上的创伤。

向安全王提问吧！

什么是校园暴力呢？

顾名思义，校园暴力就是指施暴者在校园内外以学生为对象进行欺负、折磨的行为。这其中不单指对朋友进行殴打、取笑、折磨的行为，暗中对朋友进行排挤，或者对朋友无视也是校园暴力的一种。再有抢夺朋友的东西、强制朋友去做他不喜欢的事，这些也属于校园暴力。我们不要忘记，这些行为都会给朋友带来伤害。

朋友在学校遭到校园暴力应该怎么做呢？

如果你看到朋友遭到校园暴力，要告诉大人或者报警。如果因为担心自己受牵连而不帮助朋友，那么朋友将无法从校园暴力中脱身。举报人是会被保密的，所以需要拿出勇气将事实告诉周围的人。

如果在学校欺负朋友会被处罚吗？

因为校园暴力是一种犯罪，所以会受到学校内部的惩戒，个别人还会受到法律的惩罚。另外，还需要对受到伤害的学生的医疗费等给出物质以及精神上的赔偿。

来做一些安全知识小问答吧！

遭受校园暴力时应该怎么做呢？请在正确的行为后面画“○”，错误的行为后面画“x”。

❶ 哪怕朋友在学校被校园暴力控制，你也要视而不见。（　　）

❷ 把遭到校园暴力这件事告诉父母或者老师也没什么用，只有自己忍着。（　　）

❸ 校园暴力只是指殴打或者造成身体伤害的行为。（　　）

❹ 总是对别的同学实施校园暴力的话，哪怕是未成年人也要受到处罚。（　　）

❺ 想一想如果是自己遭到暴力会有多么痛苦，那么就知道不可以对朋友作出那样的行为。（　　）

正确答案在157页哦！

在遭到校园暴力时有地方可以倾诉

当你自己遭到校园暴力或者看到朋友遭到校园暴力的时候，请记住可以去这些地方进行倾诉或者举报。因为这些事情很难独自解决，所以最好去寻求一些帮助。

以下机构可以举报①：

110、教育委员会等，还有很多免费的心理咨询机构或者法律援助机构都可以进行咨询。

①此处内容已根据我国情况作出相应更改。——译者注

6 守护我们的身体！

哎，咪咪，
你在那儿干吗呢？
呃，你们好！

你表情怎么那么奇怪？
出什么事了吗？
刚才有个叔叔强行
抱住我，亲了我一下。

哇，我看不错！我们咪咪
可好了，人气这么高！

咪咪的表情看起来可
并不开心啊！
为什么？

我们的身体是宝贵的。如果有人
强行触摸我们的身体，一定要
立刻向其他人求助！
安全

关于性暴力要这样应对!

- 当有人强行触摸我们身体的时候，必须明确表达自己的厌恶，大声呼喊“别碰我，不喜欢”！
- 不可以轻易搭乘陌生人的车或者跟陌生人走。
- 偏僻地区的公共卫生间、幽静的小胡同等，类似这种有可能只剩下自己和陌生人两个人的地方，一定要和朋友或者大人一起去。
- 如果等待搭乘电梯时只有自己和另一个陌生人，那么就等到有其他人来时再一起乘坐。
- 万一遭遇性暴力，一定要如实说给父母听。
- 遭遇性暴力后，一定要到医院接受治疗，并向医生问询相关问题。

向安全王提问吧！

怎么保护我宝贵的身体呢？

不要独自在外面玩儿，也不要独自去幽静的小胡同，因为那里可能会有坏人走过来欺负你。万一碰到有人想触摸你的身体，一定要明确表达出自己的厌恶并向周围的人求助。还有，一个人在家的时候要锁好门，平时不要随便把姓名、住址等个人信息告诉别人，也不要把姓名大大地写在书包或者其他用品上。

遭遇性暴力可以不告诉父母，把这件事当成一个秘密吗？

父母永远都是站在你这一边的。只有如实把秘密告诉父母，才能快速摆脱恐慌、不安的心情，也才能最快地将坏人绳之以法。所有事情的发生都不是你的错，所以没有必要害怕。

同龄的朋友也不可以触摸我的身体吗？

性暴力也可能发生在同龄人之间。朋友在我不愿意的情况下触摸我的身体、掀起我的裙子或者扒下我的裤子，这些恶作剧也是性暴力的一种，这时候要明确表现出自己的厌恶。如果朋友对你的厌恶视而不见，继续作出这些行为的话，那么你就应该向老师或者父母请求帮助。

来做一些安全知识小问答吧！

应该怎样应对性暴力呢？请在正确的行为后面画“○”，错误的行为后面画“x”。

❶ 遭遇性暴力之后，向父母隐瞒这个秘密。（　　）

❷ 向强行触摸自己的人高喊“别碰我，不可以”，明确表达出自己的意思。（　　）

❸ 一个人绝对不去幽静的小胡同或者偏僻的公共卫生间。（　　）

❹ 遇到陌生的成年人向你求助，应该提供帮助。（　　）

❺ 如果遭遇了性暴力，要马上如实告诉父母，并到医院向医生问询相关问题。（　　）

正确答案在157页哦！

性暴力不是只有对身体的触摸！

朋友给你看一些淫秽图片并借此和你开玩笑的行为也是性暴力的一种。如果有朋友通过邮件、社交软件等给你发一些淫秽图片，请果断告诉他“我不喜欢这些东西，不要再给我发了”。同时要马上删除这些图片，不要再把这些图片拿给或者转发给其他朋友看。

同时，能够令人感到羞耻或者不快的玩笑或者恶作剧也是性暴力。如果你周围有朋友作出这样的行为，请告诉他们这是不对的，还要明确表达出你的不快。

下雨的时候雨伞要高举过眼睛。
安全
最好穿上颜色鲜艳的衣服和雨靴。
骑车时要确认是否在自行车道内行驶。
过人行横道时，绿灯亮起不代表可以不管不顾地往前冲。
要在心里默数1、2、3，等车全部停下来之后再走。
让我们甩开手过马路吧！
安全

第4章

遇到交通事故应该怎么办呢？

① 安全地走路!

嗯，
真好吃！

呃，干吗老是
嘀嘀按喇叭！
嘀！
嘀！

我们哪儿做得
不对吗？
我们就是在走路啊！

从刚才就一直有车嘀嘀我们，
怎么看好像都是我们哪儿
有问题。
嘀！嘀！

啊，这么一看别人都在
那边的路上走呢。
是呀！

马路分为汽车走的机动车道
和行人走的人行道哦。

在路上走的时候要这么做!

- 人在人行道上走，汽车在机动车道上行驶。
- 从小路出来上大路的时候一定要左顾右盼，不要突然冲出来，否则可能会和汽车发生碰撞。
- 在人行道上行走时要远离机动车道一侧。
- 在人行道上行走时要时刻注意是否也有人在人行道上骑自行车。
- 走路时不要看手机，否则不能及时发现障碍物，容易被绊倒。
- 走路时尽量不听音乐，耳机音量也不要太大。不然有车辆行驶过来，因为听不到声音，可能会发生事故。
- 在机动车道周边行走时，哪怕穿着轮滑也不能滑着走，要正常走。

向安全王提问吧!

在没有区分机动车道和人行道的路上应该怎么走呢?

没有区分机动车道和人行道的道路是人车混行车道。这种道路上有汽车、行人,还有自行车、摩托车等,所以道路状况十分复杂。因此,在行走过程中要时刻注意周边车辆,而且最好靠边行走。

在有很多车停放的道路上应该怎么走呢?

在这种路上行走也要时时刻刻小心,因为静止的车辆有可能突然倒车或者前进。所以,最好不要走在汽车的前方或者后方,对吧?

如果人行道中断了怎么办?

如果走着走着人行道断开了,那就先停下来,看看有没有车经过,之后再走过去。走到拐角处的时候也要仔细观察左右,小心翼翼地走过去。突然窜出去的话可能会和行驶中的车辆发生碰撞。

不可以在路边骑自行车或者滑轮滑之类的吗?

骑自行车、滑轮滑、玩儿滑板等都要去指定的场地。在路边可能会和其他行人或者汽车发生碰撞,特别是自行车,骑车人在经过人行道时要下车推行,这样更加安全。

来做一些安全知识小问答吧!

在道路上行走的时候该怎么做呢？请在正确的行为后面画“○”，错误的行为后面画“x”。

❶ 没有汽车时在机动车道上走也可以。 (　　)

❷ 在人行道上走时可以完全放心，这里绝对安全。 (　　)

❸ 人行道中断时要跑着过去。 (　　)

❹ 尽可能走在人行道内侧。 (　　)

❺ 在人行道上走时要小心自行车。 (　　)

正确答案在157页哦!

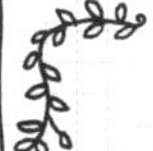

汽车司机视线有盲区!

走在没有区分人行道和机动车道的道路上时，不能想当然地认为司机知道怎么开，不会撞到自己的。

汽车的后视镜和倒车镜都存在视线盲区。而且就算汽车司机发现有人，也踩下了刹车，可是由于惯性，汽车不可能马上停下。所以我们要时刻提高警惕，注意安全。

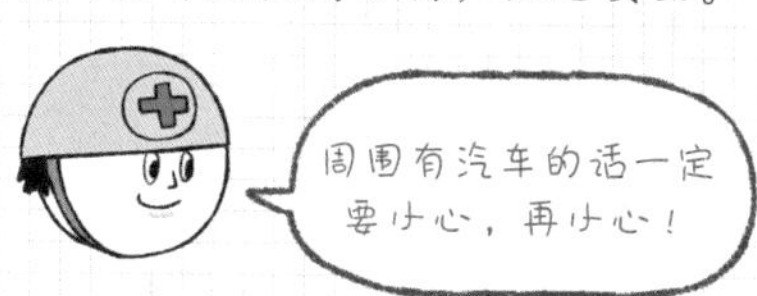

2 下雨的时候应该怎样过马路呢？

雨雪天气我们要这样过马路!

- 我们可能因为雨声而听不到汽车驶近的声音，所以要时刻竖起耳朵，保持警惕。
- 雨伞要高举过头顶，不要遮挡视线。
- 最好用亮色的雨伞，以便司机在昏暗的天气条件下也容易看到你。雨衣和雨靴也尽量穿亮色的。
- 要穿防滑的运动鞋或者雨靴，以防滑倒。
- 在人行横道等信号灯时要尽量远离机动车道，就算绿灯亮起也要确认两侧车辆停稳之后再走。
- 冬天会戴比较厚的帽子、围巾以及耳罩等，这些都可能导致我们听不到汽车驶近的声音，所以一定要注意。
- 走路时不要把手插在兜里。

向安全王提问吧！

为什么雨雪天气要穿颜色鲜艳的衣服呢？

因为雨雪天的能见度较低，穿上黄色、天蓝色等亮色的衣服才容易被司机注意到。如果在阴天穿暗色衣服，就不易被司机看到，容易发生事故。

为什么在雨雪天气走路的时候不能把手插在兜里呢？

把手插在兜里走路容易失去平衡，导致摔跤。特别是在雨雪湿滑路面，那样做更加危险。不仅走路的时候不要把手放在兜里，上下楼梯的时候也一样。

雨雪天气走路的时候为什么要尽量远离机动车道呢？

雨雪天气路面湿滑，有些地方还有积水，即使车辆放慢了速度，也不能完全避免溅水。所以走路的时候尽可能远离机动车道，这样才安全。

来做一些安全知识小问答吧！

雨雪天气在路上走的时候该怎么做呢？请在正确的行为后面画“○”，错误的行为后面画“x”。

❶ 雨雪天气打伞，要把雨伞尽量放低。（　　）

❷ 雨雪天时尽量贴着汽车行走。（　　）

❸ 雨雪天走路的时候不要把手放在兜里。（　　）

❹ 雨雪天气出门时要穿亮色的衣服。（　　）

❺ 雨雪天气过马路时，即使绿灯亮起也要确认两侧车辆停稳后再走。（　　）

正确答案在157页哦！

漆黑的夜晚出门记得穿亮色的衣服！

穿着深色的衣服在黑夜中走时，司机可能会看不到你。因此夜晚出门要穿亮色的衣服，或者在衣服、书包上贴上反光条，这样司机容易及时地发现你，预防交通事故的发生。

3 我们应该怎样过斑马线呢？

过斑马线的时候要这么做!

- 一定要等到绿灯亮起再通过。
- 即使绿灯亮起也不要急着通过，要先确认两边车辆都停下后再走。
- 通过有箭头标识的斑马线时要先在斑马线右侧停留片刻再走。
- 绿灯闪烁时不要强行通过，请等待下一次绿灯亮起。
- 通过没有信号灯的斑马线时更要仔细观察两侧后再通行，万一有车过来就等车通过后再走。

向安全王提问吧！

为什么通过斑马线时要举高双手？

因为小朋友的个子矮，司机可能看不到你们。举高双手就是在告诉司机“我在这里呀”。

为什么绿灯亮了还要等一下再走呢？

就算行人可以通过的信号灯已经变绿，可还是不能排除有司机会闯红灯。所以最好在心里默数1、2、3，确认车辆都停稳之后再走。而且有时候会突然有自行车或者摩托车窜过来，所以最好不要跑，也不要打闹，要小心翼翼地通过。

汽车比我还快吗？

你觉得汽车离你很远，如果跑得够快，汽车就不会撞到你吗？汽车可比人跑得快多了。不管离你有多远，可能一瞬间就到了眼前。所以，就算汽车离你还很远也不要急着跑过去，一定要等汽车过去之后再走。

来做一些安全知识小问答吧！

过斑马线的时候应该怎么做呢？请在正确的行为后面画“○”，错误的行为后面画“x”。

❶ 绿灯亮起后高举双手通过。（　　）

❷ 绿灯闪烁时不要通过。（　　）

❸ 汽车离得很远时可以跑过去。（　　）

❹ 通过有箭头标识的斑马线时要先在斑马线右侧停留片刻再走。（　　）

❺ 汽车在没有信号灯的斑马线前都会停下来，所以可以自由通行。（　　）

正确答案在157页哦！

遭遇交通事故时要这么做！

如果独自一人看到他人遭遇交通事故，请了解清楚对方的姓名、电话、住址，然后寻找周围的人并打电话报警。电话可以打122（交通事故报警电话）、110（公安报警电话）和119（消防报警电话）。遭受事故的人即使受伤并不严重，哪怕外表根本看不到伤痕也要去医院接受检查。如果你和别人一起看到别人发生交通事故，处理方法也一样，要沉着、冷静地告诉周围的人并报警。报警时要把事故发生场所、受伤人数以及受伤程度条理清晰地告诉警情处理人员。

④ 乘坐公交车的时候应该怎么做呢？

乘坐公交车时要这样做!

- 沿着人行道排好队，等公交车进站并且停稳之后按顺序上车，不要推挤。
- 前门上车，后门下车。
- 公交车行驶过程中要在座位上坐好，如果没有座位要抓紧扶手站稳。
- 在公交车上不要大声喧哗或者打闹，因为会给其他人带来不便。
- 等车完全停稳之后再从座位上站起来下车。下车前还要观察后面是否有摩托车或者自行车过来。

向安全王提问吧!

什么是公共交通呢?

公共交通就是大家都可以使用的一种交通手段,路线和价格当然也都是定好的。公交车、地铁、火车是最具代表性的公共交通工具。

为什么在公交车上不可以把手或者头伸出窗外呢?

因为公交车在行驶过程中速度很快,这个时候把手或者头伸出窗外,可能会与经过的汽车或者树木发生碰撞,受到严重伤害。

可以在公交车行驶过程中从座位上站起来吗?

不可以在公交车行驶过程中从座位上站起来走动或者站到座位上,因为这样可能会失去平衡摔倒,引发严重事故。而且公交车上人很多,你离开座位四处走动会给别人带来不便,所以最好坐在座位上。如果没有座位就一定要抓紧扶手,不然急刹车的时候可能会摔倒。

下车后不可以往公交车后面走吗?

因为公交车比较高,所以司机一般看不到后面有人,万一这个时候倒车,人就麻烦了。小朋友的个子又矮,司机就更看不到了,对吧?所以,下车后等公交车驶离再走,这样才比较安全。

来做一些安全知识小问答吧！

乘坐公交车的时候应该怎么做呢？请在正确的行为后面画“○”，错误的行为后面画“x”。

❶ 公交车开门之前要耐心等待，开门后排队按顺序上车。（　　）

❷ 公交车停稳之前不要随便扑过去。（　　）

❸ 如果公交车上人不多可以随意喧哗、打闹。（　　）

❹ 公交车行驶期间不能随意走动。（　　）

❺ 下车之前要观察两侧是否有摩托车或者自行车从后面过来。（　　）

被困在车内或者车内着火的时候怎么办？

假如你独自被锁在了车里该怎么办？从车内打开窗户向车外的大人求救。如果窗户无法打开，那就走到车前按响喇叭，以此告诉别人你被困在了车里。一般喇叭都需要使劲儿按下去才会发出声音。

万一被困车内时还着火了，那么就用车里的救生锤使劲儿砸开窗户逃生。[①]

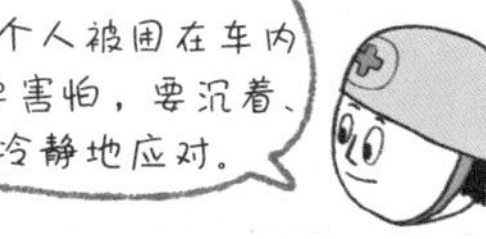

---

①夏天被困在车内时，即使没有发生火情，也要用此方法逃生。——译者注

5 坐地铁的时候也要注意安全！

坐地铁的时候应该这样做！

- 地铁站内都是靠右侧通行，只有这样人们才不会撞到一起，才能安全乘坐地铁。
- 搭乘自动扶梯时不要走或者跑，要站在黄色安全线内并抓紧扶手。①
- 等车时要站在黄色安全线后。
- 地铁到站开门后要先下后上。
- 上地铁时要注意站台和列车之间的空隙，不要把脚陷到里面。

①小朋友乘坐自动扶梯时要有大人陪伴。——编者注

向安全王提问吧！

在有屏蔽门的地铁站和没有屏蔽门的地铁站都应该怎么做呢？

在设有屏蔽门的站台等车时不可以倚靠屏蔽门。万一屏蔽门突然打开，你可能就会掉落到轨道上。在没有设置屏蔽门的车站等车时就更要站在黄色安全线外等待。

为什么不能在车门即将关闭的时候冲过去呢？

因为你可能会被车门夹住。个别时候，车门上的传感器识别不出有物体被夹住，列车在这种情况下会继续行驶。是不是真的很危险？所以在列车车门即将关闭的时候千万不要急着冲上去，请等下一趟列车。

可以倚靠在地铁门上吗？

当然不可以。万一车门突然打开你就会摔倒，可能会受很严重的伤。

在地铁上就没必要抓紧扶手了吧？

地铁和公交车一样，也有紧急停车的时候。所以站立的时候一定要抓好扶手。如果够不到扶手也可以抓紧车厢里的柱子。

来做一些安全知识小问答吧！

搭乘地铁的时候应该怎么做呢？请在下列正确的行为后面画“○”，错误的行为后面画“X”。

❶ 自动扶梯很结实，所以可以在上面跑。（　　）

❷ 车门即将关闭的时候，即使快速跑过去上车也是安全的。（　　）

❸ 不可以倚靠车门。（　　）

❹ 可以倚靠屏蔽门。（　　）

❺ 等候列车的时候应该站在黄色安全线后面。（　　）

上下地铁的时候也要按顺序？

在人群拥挤的高峰时间，每个人都急着上车或者下车的话就有可能发生事故。因此才制定了先下后上的乘车规则。

6 要熟悉交通安全标志!

妈妈，我去小谨慎家里玩会儿。

自行车也挺快的，去机动车道里骑应该也行吧？
嗖~

哎呀，汽车嗖嗖地开过，自行车都晃了，这可怎么办？
你应该在自行车道骑呀，这儿的交通标志很清晰啊！
嗖

要熟悉交通安全标志！

交通安全标志的设立是为了应对事故或者告诉我们交通规则。①

	보행자전용도로 行人专用道	自行车禁止通行，只允许行人通行	行人禁行	这条路行人不可以通行
	횡단보도 人行横道	行人通过人行横道过马路	机动车禁行	这条路机动车不可以通行
	어린이 보호 儿童保护	提示人们这条路上儿童较多，要多加注意，主要设置在儿童保护地区	自行车禁行	这条路自行车不可以通行
	자전거 전용 自行车通行	自行车可以通行	진입금지 禁止出入	这里不可以进入
	自行车及行人专用道	自行车和行人均可通行	施工中	告诉我们这条路正在施工
	전용 公交车专用道	其他社会车辆不允许通行，只有公交车可以通行	减速带	告诉司机前方设有减速带

①此版本为韩国适用。——译者注

向安全王提问吧！

在学校门前也要设立交通安全标志吗？

学校前面的安全标志是告诉人们这里是儿童保护区域（学校区域）。当某一区域有必要对儿童进行保护时，这一区域就会被指定为儿童保护区域。以学校正门为中心，半径300米范围为儿童保护区域，在此区域内机动车时速不可以超过30千米。为了强制机动车减速还设置了减速带，并且在此区域内不可以停车。[①]

那是说只要清楚了交通安全标志就可以保证安全了吗？

安全标志会告诉你，这是骑自行车的地方还是机动车行驶的地方，又或者是行人可以走的地方。所以，如果熟知安全标志，那么就会给你的安全出行带来帮助！

交通安全标志的颜色都有什么意义呢？

蓝色是指示标志，就是要按照标识去做。红色是限制标志，就是不要做的意思。黄色是警示标志，告诉人们要注意标识中的内容。

①此为韩国情况，与我国实际情况可能存在差异。——译者注

来做一些安全知识小问答吧！

请将安全标志图片与对应的名称用直线连起来。

● ● 行人专用道标志

● ● 减速带标志

● ● 儿童保护标志

● ● 机动车禁止通行标志

7 安全骑行！

妈妈，
我出去和小谨慎玩一会儿。
妈妈，我和冒失鬼出去玩一会儿。
自行车速度也挺快的，应该也可以去机动车道骑吧？
看来我得一直推着自行车走到公园了。
啊~
我要摔倒了！
冒失鬼怎么还不来？

小谨慎和冒失鬼两个人谁骑自行车的方式是安全的呢？

- 骑自行车之前要戴好安全帽、护膝、护腕、手套等安全装备。
- 要在自行车道上骑自行车。[①]
- 骑自行车时不要逆行。
- 骑自行车时一定要遵守交通规则，绿灯亮起之前绝对不可以过马路。
- 过斑马线时要下车推着走。
- 要等自行车完全停稳再下车。
- 在小区内骑自行车时速度不要太快，注意不要和路过的行人或者机动车发生碰撞。

①在我国，要求须满12周岁才能在道路上骑自行车。——编者注

向安全王提问吧！

骑自行车之前要认真检查车况吗？

骑自行车之前要认真检查一下车把是不是灵活、车胎有没有漏气、刹车是不是灵敏、车链子会不会掉等，只有这样才能预防事故的发生。

都说骑自行车要骑符合自己身高的，是吗？

只有当骑的自行车符合你的身高时，在上下自行车和蹬自行车的时候才不会发生危险。如果你坐在车座上脚可以够到地面，那么这辆自行车的高度就是合适的。

骑自行车可以随便找个地方骑吗？

在有机动车行驶的道路或者人群密集的地方骑自行车发生事故的概率比较高。最好在自行车专用道上骑。如果没有自行车专用道，那么就选择在没有机动车通行，也没有上下坡的平缓道路骑行。

来做一些安全知识小问答吧！

骑自行车的时候应该怎么做呢？请在下列正确的行为后面画“○”，错误的行为后面画“X”。

❶ 天气热的时候骑自行车可以摘下安全帽。 (　　)

❷ 儿童也可以骑大人的自行车。 (　　)

❸ 过斑马线的时候要下车推行。 (　　)

❹ 在机动车道上骑自行车时要逆行，面对着来车。 (　　)

❺ 即使自行车没有完全停稳也可以下车。 (　　)

正确答案在158页哦！

骑自行车时的着装也很重要！

骑自行车时最好穿容易被人发现的亮色衣服。不适合穿裤脚比较宽的或者比较长的裤子，因为这种裤子容易被车链子或者车轮缠住，从而造成自行车和骑车人摔倒。还有，骑自行车时穿运动鞋要比皮鞋更安全。如果在下雨天必须骑自行车出门，那么最好穿上雨衣，这样比打雨伞要安全得多。

下楼梯时要和前面的人要保持一定距离。
要抓住扶手，一级级地走。
不错！千万不要忘了，上下楼梯需要我们多加注意。
搭乘自动扶梯的时候不可以把身体吊在扶手上哦！
冒失鬼，这不是让你玩儿的。
要和前面的人保持一级台阶的距离，抓稳扶手。
荡秋千的时候一定要抓牢两边的绳子。
玩儿跷跷板的时候一定要抓稳扶手坐好。
玩儿滑梯的时候一定要从台阶处上去。
不要吊在很高的单杠上。
不要从攀登架上向下跳。

第5章

若要在生活中确保安全应该怎么办呢？

① 在教室里也要注意安全！

在教室里应该这样做!

- 不要拿文具或者教具等开玩笑，也不要乱扔文具或者教具，特别是铅笔、剪刀、小刀更要小心，谨慎使用。
- 不要追跑，否则可能会被桌椅绊倒。
- 出教室门之前要停下看看门外有没有人进来。急着出去的话可能会和正要进来的朋友撞到一起。
- 吃饭时间不要拿着叉子开玩笑，否则可能被叉子扎伤。
- 不要站在窗台上，否则会有掉落的危险。
- 不要向窗外扔东西，再小的物品都有可能对楼下经过的人造成严重伤害。

向安全王提问吧！

在教室里有什么行为需要注意呢？

在教室里不要随意追跑，否则可能会被桌椅绊倒或者和朋友撞到一起而受伤。再有，乱扔东西的行为也是危险的。不管多小的东西，如果砸到同学就可能造成严重伤害。绝对不允许从窗户进出，也绝对不要偷偷地从正准备坐下的朋友后面把椅子拉走。

打扫教室的时候应该怎么做呢？

扫帚和湿抹布之类的物品只有在打扫卫生时才能用。挥舞扫帚打闹或者开玩笑可能会造成严重伤害。还有，不要自己拉拽桌子，不然容易摔倒，要找同学和你一起来挪桌子。

用餐时间有什么行为是需要注意的呢？

按顺序排队取饭，端着温度较高的食物走路时一定要慢，不要洒出来烫到自己或他人。吃这些食物的时候一定要坐在座位上，否则可能会被烫伤。

小刀、剪刀、铅笔之类的学习用具应该怎么保管呢？

头部比较尖利的学习用具如果没有保管好，随意乱放可能会造成严重伤害。这类用具放在铅笔盒等装置内的时候也要将尖利的部分向下。小刀要插到底以防刀尖儿突出来，剪刀或者铅笔最好放到可以遮住尖锐部分的器具中存放。

在实验室里应当注意些什么呢？

在实验室里有许多危险的化学用品和实验道具，所以更要注意。一定要按照老师的指示去做，不要随意触碰实验道具。

来做一些安全知识小问答吧！

如果想安全地在教室学习应该怎么做呢？请在下列正确的行为后面画“○”，错误的行为后面画“X”。

❶ 不要随便追跑。（ ）

❷ 用餐时间按顺序排队打饭。（ ）

❸ 打扫卫生时，如果教室里人不多可以拿着扫帚打闹。（ ）

❹ 教室很宽敞，所以可以在里面玩儿捉迷藏的游戏。（ ）

❺ 如果有些学习用具的体积不大可以扔向同学。（ ）

正确答案在158页哦！

在楼道里也要遵循右侧通行原则

90%的人都惯用右手，所以靠右通行更加方便。因此，在很多地方都是右侧通行。学校也是一样，在楼道里、楼梯上的时候也应该靠右通行。这样一来，即使在比较窄小的地方也不会发生碰撞，大家都可以安全地通行。

② 上下楼梯时也要注意安全！

上下楼梯的时候要这么做！

- 不要一次跨两级台阶，也不要一只脚跳着走。
- 人多的时候绝对不可以推前面的人。
- 上下楼梯时走神儿的话可能会摔倒，所以一定要紧盯前方。
- 不可以把楼梯扶手作为滑梯来玩儿。
- 不要尝试用吊在楼梯扶手上的方式下楼，万一摔下来会严重受伤。

向安全王提问吧！

下楼梯时不可以把手插在兜里吗？

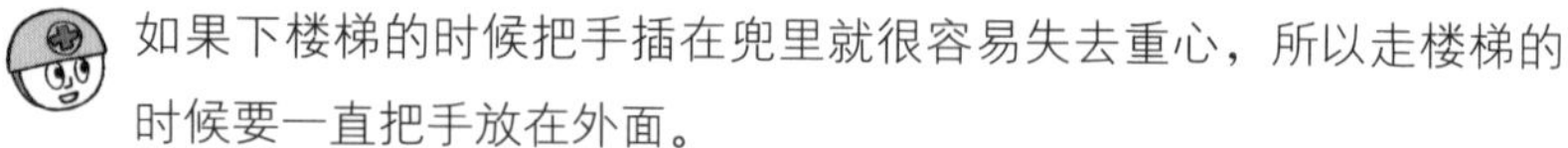

如果下楼梯的时候把手插在兜里就很容易失去重心，所以走楼梯的时候要一直把手放在外面。

下楼梯的时候必须用手抓住扶手吗？

下楼梯时可能会滑倒或者摔倒，所以一定要抓好扶手一级一级地往下走。楼梯是一个事故高发的地方，所以在上下楼梯的时候走神或者跑都是不行的，对吧？

为什么上下楼梯的时候要和前面的人保持一定距离呢？

车辆在行驶过程中都要和前车保持一定距离，这样在前车突然停车或者变道的时候才不会发生碰撞。上下楼梯的时候道理也是一样的。我们要时刻和前面的人保持一定距离，不然就会碰撞、摔倒。

不可以穿着轮滑上下楼梯吗？

当然！你会滑倒的。踩着滑板等带轮子的工具上下楼梯都是很危险的行为。上下楼梯一定要一步一步小心翼翼地走。

来做一些安全知识小问答吧！

上下楼梯的时候应该怎么做呢？请在下列正确的行为后面画“○”，错误的行为后面画“X”。

❶ 不要在楼梯上随意奔跑。 (　　)

❷ 没人的时候可以骑着扶手滑下来。 (　　)

❸ 上下楼梯的时候要时刻和前面的人保持一定距离。 (　　)

❹ 上下楼梯的时候可以把手插在兜里。 (　　)

❺ 上下楼梯的时候要抓紧扶手，一级一级地走。 (　　)

正确答案在158页哦！

如果上下楼梯时没有多加注意可能会发生大事故

据统计，儿童遭遇的安全事故当中，与楼梯相关的约占30%。这说明在楼梯上发生的事故是相当多的。鞋子与楼梯上发生的安全事故之间有着高度的关联性，其中穿拖鞋或者鞋跟较高的鞋更容易脱落或者让人滑倒，所以在走路的时候要更加注意。另外，下雨时或者刚擦完的楼梯会变得湿滑，这个时候走楼梯更要慢慢走。

③ 在游乐场也要遵守安全守则!

玩游乐设施的时候要这样做!

秋　千

- 要等秋千完全停下来再坐上去，下来的时候也一样。
- 有人正在玩儿的时候不要从秋千的前后经过。
- 坐在上面双手要抓紧绳子，站着玩儿是很危险的。

滑　梯

- 不要从滑梯下面上去，一定要走楼梯上去。
- 目视前方，坐稳，抓着扶手滑下来。

跷跷板

- 一定要抓紧扶手，在位子上坐好。
- 下来时要先跟一起玩儿的朋友说，等对方做好准备之后再下来。

单　杠

- 不要吊在超过自己身高很多的单杠上。
- 不要倒吊单杠。

攀登架

- 在上面走的时候一定要扶好，不可以什么都不扶。
- 不要从很高的地方跳下来。

向安全王提问吧！

玩儿游乐设施的时候还有什么需要注意的吗？

最重要的是玩儿各种游乐设施的时候要遵守秩序。遵守秩序是预防安全事故发生的第一步。同时不要忘记，在游乐场骑自行车、玩儿轮滑等都是危险的行为。

他们说在游乐场不可以打扰其他的小朋友，是吗？

在游乐场打扰其他小朋友的游戏活动是不行的。不要从正在荡秋千的小朋友前后经过，如果被秋千或者上面的小朋友撞到后果会很严重。不要拦截从滑梯上滑下来的小朋友，不然你们两个容易一起摔倒。可能你只是想开个玩笑，但是这个玩笑却有可能导致严重后果，所以我们一定要注意。

玩儿沙子的时候需要注意些什么呢？

由于沙子进入眼睛会造成伤害，所以不要随便向别人扔沙子。还有不要挖很深的沙坑，这也有危险，万一别人在不知道的情况下一脚踩进去就会摔个大跟头。

来做一些安全知识小问答吧！

如果想安全地使用游乐设施应该怎么做呢？请在下列正确的行为后面画“○”，错误的行为后面画“X”。

❶ 可以打扰正在游乐设施上玩乐的小朋友。（ ）

❷ 可以拿沙子和朋友互相扔着玩儿。（ ）

❸ 玩儿游乐设施的时候要时刻注意安全。（ ）

❹ 有人在玩儿秋千的时候请在他后面排队等待。（ ）

❺ 可以不走滑梯的楼梯而是从滑梯前面爬上去。（ ）

正确答案在158页哦！

如果有游乐设施发生故障怎么办？

游乐场的游乐设施很多人在用，所以有可能发生故障。我们不要去玩儿那些绳子断裂或者生锈开裂的设施，因为一不小心就会造成严重伤害。我们还要把设施发生故障的情况及时报告给游乐场的管理员。如果某些设施的部分地方变得突出，以至于可以剐到身体或者衣服的话，也要及时告诉管理员进行维修。

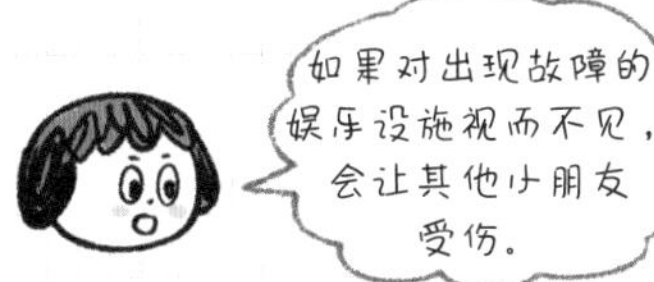

4 要正确搭乘自动扶梯!

哇，是自动扶梯！
3层
2层

我要往反方向走。
那样会受伤的。

你也把自己挂在上面试试，可好玩儿了。
那样也是很危险的。

在电梯里这么咣咣地跳可好玩儿了。
咣~
别跳了，冒失鬼！电梯要是掉下去怎么办？
咣~

孩子们，在我们乘坐自动扶梯或者电梯时，一定要遵守安全规则！

乘坐自动扶梯和电梯的时候要这样做！

- 搭乘自动扶梯时要和大人一起。
- 搭乘自动扶梯时要和前面的人保持一级台阶的间隔，并且要站在黄色安全线之内。
- 不可以在自动扶梯上逆向行走。
- 要抓紧扶手，不要把头或者身体探出扶梯的扶手外。
- 乘坐电梯时要按照定员数[①]乘坐。电梯门即将关闭时不要冲过去，这种行为很危险。
- 在电梯轿厢内不要跑跳。

①定员数：按照一定规则规定的人员数量。

向安全王提问吧!

听人说搭乘自动扶梯时有3条需要遵守的规则，是吗？

这3条规则是抓好扶手、不要快走或者跑和不要站在安全线外。这3条规则千万不要忘记。

不可以在自动扶梯上扔垃圾吗？

是的，不可以在自动扶梯上扔垃圾。如果垃圾进入扶梯的缝隙内，可能造成扶梯故障。虽然机器发生故障时会有人修理，但是修理会花费时间，这样就会给人们带来不便，对吧？

如果电梯突然停下不动了应该怎么办呢？

电梯内有一个紧急通话按钮，电梯不动时按下按钮，把你现在的情况告诉救援人员，然后根据对方指示来做。这种时候绝对不要尝试自己打开电梯门爬出去。如果电梯停下来的地方正好位于2个楼层之间，这个时候将门打开更加危险。所以要让自己冷静下来，根据救援人员的指示去做。

来做一些安全知识小问答吧！

搭乘自动扶梯和电梯的时候应该怎么做呢？请在下列正确的行为后面画“○”，错误的行为后面画“X”。

❶ 着急的时候可以在自动扶梯上逆向行走。（　　）

❷ 电梯都很结实，所以可以在轿厢里面又跑又跳。（　　）

❸ 在自动扶梯上要站在安全线内直到终点。（　　）

❹ 搭乘自动扶梯时可以不抓扶手。（　　）

❺ 因为自动扶梯不会夹住物品或者衣服，所以搭乘时不用注意。（　　）

正确答案在159页哦！

守住黄色安全线！

乘坐自动扶梯的时候我们会发现，每级台阶边缘都画有一条黄色的线，这条线被称作“安全线”。我们搭乘自动扶梯的时候一定要站在安全线的里面，否则鞋或者衣角有可能会被自动扶梯的缝隙夹住。还有，下雨天的时候，鞋子可能会变得湿滑，所以最好站在上面随着自动扶梯移动，而不要急于行走。

5 在超市也要注意安全!

哟!是购物车!
妈妈，我来推
购物车!

让一让!哈哈!
冒失鬼来啦!
啊!
嗖嗖
哟!

孩子，你在超市里这么
快速推购物车怎么行?
差一点儿就伤到了.
对不起!

孩子们，在超市里
也要遵守安全守则,
特别是推着购物车
或者出入自动门的时
候，更要多加注意!
自动门

在超市购物的时候要这样做！

- 不可以站在购物车上，也不可以用胳膊将身体架在购物车上前进，万一掉下来可能会令你严重受伤。
- 不可以坐在购物车里。
- 儿童独自推购物车可能会发生事故造成伤害，所以尽可能不要让儿童独自推购物车。
- 不可以在超市里乱跑，撞到物品或者人都不好，容易受伤。
- 不要随便乱动货架上的物品，因为这些物品有可能一下子全部掉落。

向安全王提问吧！

不可以坐在购物车里吗？

如果体重超过15千克，就可能会造成购物车侧翻或者轮子出现故障。还有，如果和兄弟姐妹或者朋友坐在一辆购物车上打闹也是非常危险的行为。

听说有人被超市的自动门夹住手脚受伤了？

是的，所以我们需要注意超市的自动门。进出自动门一定要等门完全打开之后再走，还要小心不要跟前面的人撞到一起。

可以在自动步道上跑吗？

自动步道是可以自己移动的路。如果感觉很神奇就在上面跑的话可能会失去重心摔倒，所以一定要扶稳站好。由于可能出现前方购物车积压的突发情况，所以最好和大人一起搭乘自动步道。另外，和搭乘自动扶梯一样，我们也要小心衣服或者鞋子不要被缝隙夹住。

来做一些安全知识小问答吧！

怎样才能安全地逛超市呢？请在下列正确的行为后面画“○”，错误的行为后面画“X”。

❶ 可以把身体吊在购物车上玩儿。 （　　）

❷ 可以在自动步道上面跑。 （　　）

❸ 在自动门完全打开之后再进出，这之前要耐心等待。 （　　）

❹ 不可以随便触摸货架上的商品。 （　　）

❺ 在超市里不能乱跑，注意不要和别人撞到一起。 （　　）

正确答案在159页哦！

不可以坐在购物车筐里！

购物车里的儿童椅只有体重不到15千克的婴幼儿才可以坐。小孩子坐在上面的时候一定要系好安全带。有时，会有家长让儿童坐在购物车筐里，这是不可以的。因为在移动过程中购物车左右晃动，有可能和其他购物车发生碰撞，万一发生碰撞，车里的孩子就会受到强烈冲击，非常危险。

⑥ 在家里也要注意安全！

哎呀！
砰~

啊，好烫！
滋滋~

哎哟喂，烫死我了！

啊，屁股好疼！
家里好像危机四伏啊！
咣~

孩子们，哪怕是在家里，安全事故也时有发生。
所以要时刻注意。

在家里的时候要这样做!

- 可以在容易磕到的沙发、桌椅等家具角上安装防撞装置。
- 电风扇会伤手，所以不要触碰扇叶。
- 不要把脸靠近正在做饭的锅，因为可能会被水蒸气烫伤。
- 使用饮水机接热水时要在大人的帮助下，否则可能会被热水烫伤。
- 卫生间的地面会因为水汽变得湿滑，所以要穿防滑的拖鞋。

向安全王提问吧！

在家也会发生安全事故吗？

有统计说明，半数以上的儿童安全事故都是在家里发生的。插满插头的插座、挂在墙上的相框都是可以引发安全事故的。由于我们不知道什么时候会发生什么样的事故，所以要时刻注意，保持警惕。

厨房也很危险吗？

加热的小锅或者煎锅、蒸饭锅中冒出的水蒸气等都可能在厨房引发与火灾相关的事故。燃气炉或者电水壶等也很危险，使用时一定要时刻注意。

听说关门的时候也会发生事故？

有时候我们的手会被门缝夹住受伤，开玩笑把胳膊伸进去的话也可能会被夹住受伤。另外，对自动门稍稍大意的话也有可能被夹住，所以也要加以注意。

来做一些安全知识小问答吧!

在家中应该注意些什么呢？请在下列正确的行为后面画“○”，错误的行为后面画“X”。

❶ 要注意尖锐的家具棱角。（　　）

❷ 饭锅里冒出来的水蒸气不是很热，所以可以把脸或者手贴近饭锅。（　　）

❸ 要注意手不要被门缝夹住。（　　）

❹ 厨房里面是不会发生事故的，可以放心。（　　）

❺ 卫生间的地面有时会变得湿滑，所以要穿防滑拖鞋。（　　）

正确答案在159页哦!

浴室内会发生触电事故!

浴室内的插座一定要加装保护盖，并且保护盖要时刻盖好。因为沾水后可能会引发严重的事故。用沾水的手去触摸插座可能会发生触电事故，所以千万不要用沾水的湿手去触摸插座。

不要用湿手去摸!

7 吃东西的时候也要注意安全！

吃东西的时候要这样做!

- 吃东西前要认真洗手。哪怕仅仅是把手洗干净，也可以起到阻止有害细菌进入身体的作用。
- 不可以只吃零食不吃饭，只有均衡饮食才能保持身体健康。
- 吃东西时要坐好，细嚼慢咽。如果躺着吃或者边走边吃，一不小心就可能出大事。
- 不要吃劣质食品。劣质食品里含有很多对身体有害的物质。
- 吃东西前要确认食品保质期。吃了过期食品可能造成身体不适。

向安全王提问吧！

劣质食品里面都有什么呢？

我们尽量不要吃那些包装上写着夸大的广告词，或者颜色过分绚丽的食品。这类食品里面一般都加入了对人体有害的强效色素或者提升味道的添加剂。

听说年糕、果冻或者泡泡糖之类的食物会黏到嗓子上？

泡泡糖、年糕、果冻这类食物不可以躺着吃，也不可以一边说笑一边吃，一不小心可能就会黏在嗓子上使我们无法呼吸。所以一定要坐下来一点点地慢慢吃。

有没有方法可以知道某种食品是否安全呢？

安全食品里均衡地含有儿童所需的营养成分，会得到国家认证。如果看到食品包装上标有“儿童喜爱食品认证”，那么就可以放心吃了。[①]

①此条内容仅在韩国适用。——译者注

洗手时要用肥皂洗30秒以上。来了解一下正确的洗手方法并跟着做一下吧!

1.双手手掌互相搓洗出泡沫。

2.十指交叉互相搓洗。

3.用一只手的手掌搓洗另一只手的手背。

4.将一只手的手指放在另一只手的手掌上搓洗。

5.用一只手的手掌搓洗另一只手的大拇指。

6.把一只手的手指放在另一只手的手掌上搓洗，以消除指甲上的污物。

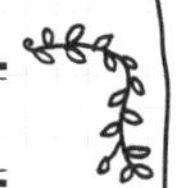

对于新冠肺炎（COVID-19），我们这样预防!①

新型冠状病毒引起的肺炎主要症状为发热、咽痛、咳嗽和腹泻。这种病毒传染性极强。当我们遇到这样的传染病发生时一定要做到彻底地预防。

- 外出回家后要用肥皂洗手30秒以上，平时手会触摸到的物品也要经常进行消毒。
- 没有洗手之前不要用手触摸嘴和鼻子、眼睛，也不要咬指甲或者嘬手指头。
- 尽量不要外出，外出时要与他人保持2米以上的社交距离。
- 公共场合一定要戴好口罩。
- 打喷嚏或者咳嗽时如果没有佩戴口罩一定要用衣袖遮挡口鼻。

---

①我们可以在国家卫生健康委疾控局组织中国疾控中心环境所编制的《新冠肺炎疫情防护指导手册》中获得更多疫情防护知识。——编者注

用不干净的布擦鼻血可能会令伤口被细菌感染，一定要用干净的布。
经常流鼻血的话要让爸爸妈妈带你到医院看一下。
安全
不要站到通风口上面。
不要踩窨井井盖！

第6章

面对紧急情况应该怎么办呢？

1 应急处置要这样做!

呀，突然流鼻血了！
怎么办呢？

好像都说流鼻血的时候应该把头向后仰……
啊
这样吗？

呃~有点儿头晕！
啊
难道应急处置没搞对？

应急处置？
就是为了应对紧急情况而临时采取的治疗。

一定要熟记简单的应急处置方法。只有这样才能在紧急情况下保证安全。

应急处置要这样做!

- 流鼻血时要低下头并用拇指和食指使劲儿压住鼻梁。
- 有异物进入眼睛时要将下眼皮拉开找到异物并弄出，或者把脸浸入干净的水中并通过在水中眨眼洗出异物。绝对不要用手揉或者摸眼睛。
- 被刀子或者玻璃割伤的时候，要把流血的部位高举过心脏直到不再流血。还有，要用干净的布或者毛巾等按压出血部位进行止血，止血后进行消毒、上药。
- 被动物咬伤后要马上用清水冲洗伤口，然后去医院找医生。特别是被宠物咬伤后有得狂犬病的风险，所以一定要去医院接种狂犬疫苗。

向安全王提问吧！

如果手上扎了东西应该怎么办呢？

如果强行拔出异物可能会导致大量出血，伤势加重。所以，最好保持原样，到医院找医生帮忙。

如果经常流鼻血要去医院吗？

如果经常流鼻血就表示我们身体出了状况，一定要把这件事详细地说给父母，然后去医院接受检查。

掉牙的时候应该怎么做呢？

如果掉的是乳牙，那么只需要在掉牙的地方止血就行。如果掉的是恒牙，就需要把这颗牙放到水或者牛奶里面洗一下，然后带着这颗牙到医院去接受治疗。谨记，这个时候绝对不可以触碰牙齿的根部。

来做一些安全知识小问答吧！

应急处置应该怎么做呢？请在下列正确的行为后面画"○"，错误的行为后面画"X"。

❶ 流鼻血时要向后仰头直到不再流血。 (　　)

❷ 如果手上扎了东西，要马上拔出来。 (　　)

❸ 用干净的布擦鼻血。 (　　)

❹ 如果被刀子或者玻璃之类的尖锐物品割伤，要把手高举过心脏直到不再出血。 (　　)

❺ 有异物进入眼睛时要使劲儿揉眼睛把它弄出来。 (　　)

突然头晕的时候要这样做！

突然头晕的时候要先观察一下地上有没有危险的物品，因为如果倒在坚硬的物体上可能会严重受伤。另外，在你失去意识之前请让人帮助拨打120急救电话。

② 没有呼吸了！

啊，突然不能
呼吸了！

冒失鬼，没事吧？
你清醒一下啊！

怎么办，冒失鬼
没有呼吸了！
快点儿做心肺复苏啊，
不然我可能就要死了！

孩子们，发生紧急情况
要拨打120急救电话。
在医生指导下
做心肺复苏。

没有呼吸的时候要这样做!

- 首先要确认倒地的人是否还有意识，大声问：“喂，你还好吗？”
- 如果问了没有反应，请拨打120急救电话，说明情况，在医生的指示下进行心肺复苏。
- 如果呼吸停止超过5分钟就可能造成大脑损伤，所以要尽快采取心肺复苏等急救措施。
- 将手掌置于双乳乳头连线的中间，手指不要碰到胸骨，另一只手覆盖住这只手并且十指交叉，然后用手掌后半部分按压胸部进行心肺复苏。
- 胸部按压时深度不要超过5厘米（8岁以上），每按压30次停10秒左右，连做5个30次之后换人继续。这个过程在急救人员到来之前要不断重复。

向安全王提问吧！

心肺复苏是在没有呼吸的时候做的吗？

倒地的患者如果没有呼吸或者呼吸困难的话就是心脏出了问题，这时的急救措施就是心肺复苏。心肺复苏是可以帮助患者恢复自主呼吸的措施。

为什么心肺复苏是必需的？

如果呼吸停止超过5分钟，救活的概率就会减少一半。可是，即使在患者倒地后即刻拨打急救电话，最少也需要5～7分钟救援人员才能赶到。所以，倒地后即刻为患者进行心肺复苏可以提高患者的生存概率。当然，在你进行心肺复苏之前要先拨打急救电话，因为不管在哪儿，心肺复苏都只是一种应急的措施。

人工呼吸怎么做呢？

首先要把患者头部后仰，抬起下巴，调整为一个易于呼吸的姿势。接着用拇指和食指捏住患者鼻子，然后深吸一口气张开嘴包围住患者的嘴向其嘴里吹气。不过错误的人工呼吸方法也有可能会令患者变得更加危险，所以要拨打急救电话跟着急救人员的指示来做。

生活中的安全常识!

想要了解心肺复苏、人工呼吸是怎么做的吗？

1.确认患者是否有意识。

2.请求周围的人帮助拨打急救电话。请求时要指定一个人并向他清楚地说明现在的状态。

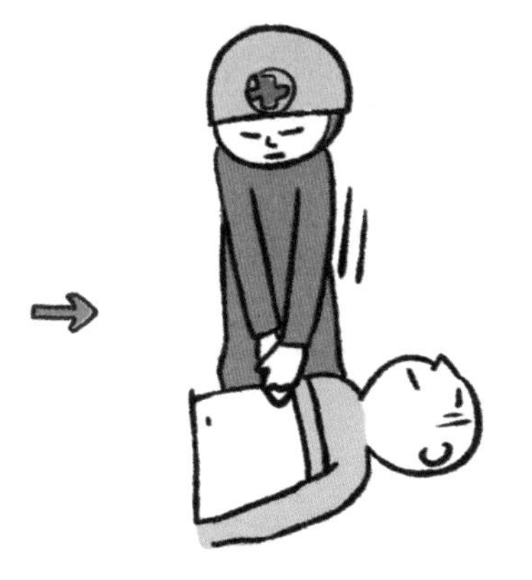

3.按照120急救人员的指示按压胸部。

4.垫高患者脖子，使其头部后仰，打开气道，进行人工呼吸。

3 常备急救箱！

给我，我要玩儿这个！
哎呀！流血了！
所以说让你小心点儿呀！药呢，药在哪里？

好像在这儿放着来着……妈妈，急救箱在哪儿呢？
不就在隔板上呢吗？怎么了？谁受伤了？
真在这儿呢，冒失鬼被玩具割伤了。

每家每户都有一个为了应对紧急情况而装有药品的急救箱。
我们来看看这个箱子里都装了什么，怎么样？
安
全

急救箱里应该装的药品！

- 急救箱中应当备有纱布、药棉、绷带、剪刀、小镊子、软膏、镇痛剂、消毒液、止血剂等。
- 纱布、药棉、绷带、剪刀、小镊子是包扎伤口用的。
- 镇痛剂和皮肤软化剂可以帮助伤者减轻疼痛症状。
- 消毒剂是为了不让伤口恶化，对伤口进行消毒的药品。
- 止血剂，顾名思义，就是止血用的。
- 急救箱要保管在阴凉、干燥的地方。
- 每年要对急救箱进行一次检查，对已经过期的药品进行更换。

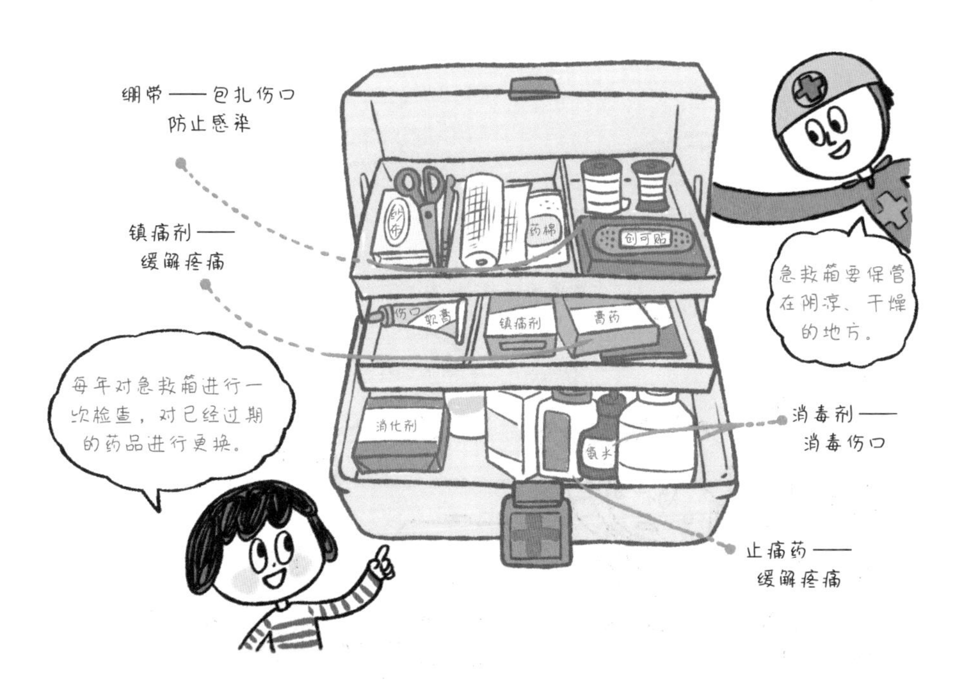

向安全王提问吧！

听说药物上也会繁殖细菌，是吗？

哪怕药物还在有效期内，如果包装破损后暴露在空气中或者存放的地方温度较高，那么就可能造成药效降低或者发生变质。发生开裂或者已经裂成两瓣的药丸、变色或者变硬的软膏、浓度发生变化的糖浆等都会繁殖细菌，所以就算没有超过保质期也要扔掉。

急救箱在什么时候用呢？

急救箱是在处理一些不需要去医院的伤口时用的。如果我们平时把那些处理伤口必备的药品集中起来放在一个地方的话，就可以很容易地进行紧急处理了，对吧？

急救箱中的药物可以随便服用吗？

急救箱中的药物一定要在需要的时候服用，在没有处方的情况下随便用药是可能产生其他问题的。如果特别难受，最好还是去医院看一下。

生活中的安全常识！

下面都是急救箱中应该有的药品和物品，来检查一下自己家的急救箱中有没有吧。

确认症状的产品——体温计

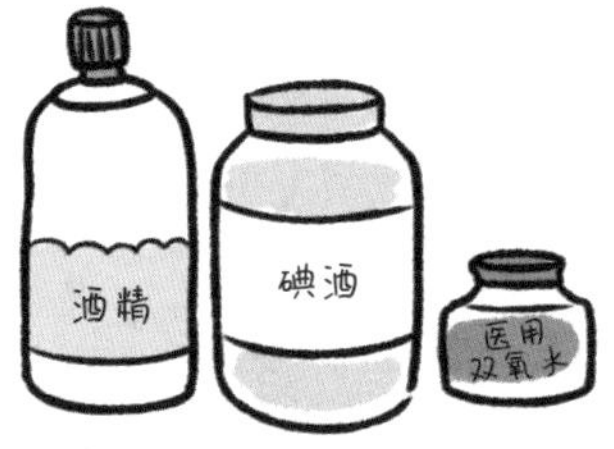

消毒伤口的药品——酒精、碘酒、医用双氧水等

包扎伤口的药品——绷带、药棉、创可贴等

缓解症状的药品——镇痛剂、消化剂、止血剂等

消毒剂的种类多种多样！

医用双氧水适合用在非常轻微的小伤口上，与血液相遇会产生气泡，同时对伤口进行消毒。被叫作“红药”的碘酒用于伤口的消毒和治疗。酒精是抹在轻微伤口上进行消毒的，打针时棉签蘸的就是酒精。

④ 清楚紧急出口的位置！

好像地震了。
楼在晃呢！
先出去再说吧！

应该往哪边走？
那边有紧急出口！

你怎么知道那边有紧急出口的？
那儿不是有紧急出口的标志嘛！

做得好，孩子们！
如果发生事故要从紧急出口逃出来！
嗯

- 紧急出口是为了应对火灾、地震等突发情况而设置的出口。因为紧急出口是为了应对紧急状况的，所以平时也不要把它锁上。
- 紧急出口的标志要时刻点亮，在黑暗处也要让人看得清楚。
- 发生紧急情况时要跟着紧急出口标志下标注的箭头方向逃出。
- 为了应对危险情况的发生，要提前了解清楚家、学校、辅导班等经常去的这些地方的紧急出口位置。
- 不可以在紧急出口前或者紧急通道里堆放物品。

向安全王提问吧！

为什么紧急出口很重要呢？

当建筑物内有事故发生，人们往往会慌张得到处乱跑。如果这时你清楚紧急出口的位置，就可以通过这个门安全地逃到外面。

为什么不可以在紧急出口前面堆放物品呢？

由于紧急出口平时几乎不会用到，所以有些人会觉得没什么大不了，而把很多物品堆放在紧急出口门前。这是非常危险的。这些堆积的物品可能会导致门无法打开，在需要快速行动的时候给人们造成妨碍。我们不知道事故何时会发生，所以紧急出口前面要时刻保持干净，不堆放杂物。

为什么不可以锁上紧急出口的门？

发生事故的时候，我们需要从紧急出口逃出去，如果门被锁上，我们就出不去了！就算平时几乎不会用到，也不要把门锁上，这样才安全，也可以安装那种外面无法打开但是从里面可以打开的特殊装置。

来做一些安全知识小问答吧！

下面是与紧急出口有关的内容。请在正确内容后面画“○”，错误内容后面画“X”。

❶ 紧急出口是为了应对紧急情况而设置的门。 （　　）

❷ 紧急出口的门要时刻保持开启。 （　　）

❸ 不可以在紧急出口门前堆放物品。 （　　）

❹ 紧急出口的标志就算在黑暗的地方也要能被人看到。 （　　）

❺ 紧急出口就好像家里的大门一样是经常会被用到的。 （　　）

通过紧急出口时要沉着、冷静！

每当有事故发生，人们往往会惊慌失措，四处乱跑。如果这个时候冒冒失失地冲向紧急出口，或者急急忙忙地从紧急通道向下跑的话可能会摔倒，也有可能从楼梯上滚落下来。因此，通过紧急通道的楼梯向下走时要沉着、冷静。越是在紧急的情况下越要沉着、冷静地应对，只有这样大家才可能安全。

5 被烫伤了！

啊，好烫！
没事吧？
伤到哪儿了吗？

胳膊肘火辣辣的。

我看看。嗬，起水疱了，
好像被烫伤了。
水疱？怎么办？
直接把它弄破
怎么样？

难道不应该先涂点儿
烫伤膏吗？

等等！孩子们，烫伤有烫伤的
治疗方法！

烫伤的时候要这样做！

- 如果被轻度烫伤，可以用冰敷在患处，或者用流动的凉水冲洗患处，待患处皮肤稳定后再进行消毒处理。
- 给烫伤部位消毒时不要用棉花。
- 烫伤一段时间后患处可能变得肿胀，所以在这之前要摘下戒指、手表等，也要脱下紧贴的衣物。
- 如果被烫伤的地方起了水疱，不要把它弄破，一旦没弄好可能会留下严重疤痕。
- 如果烫伤部位面积很大就要用纱布盖住，不要再碰到其他地方，然后尽快去医院接受治疗。

向安全王提问吧!

烫伤的程度不同，症状也不同吗？

最轻微的烫伤我们称作一度烫伤，就是皮肤发红，有些火辣辣的程度。如果起了水疱，特别疼痛就是二度烫伤了。三度烫伤则是真皮（皮下组织）有了损伤或者连皮下脂肪（肌肉）都受到了伤害。如果烫伤达到了三度，表面皮肤会变成灰色或者红褐色，疼痛难忍。经过治疗后会留下疤痕，由于皮肤的收缩，关节部位会变得不那么灵活。二度以上的烫伤都是很严重的，所以要及时去医院接受治疗，预防感染。

听说电暖气和电水壶也会造成烫伤？

距离电暖气太近，或者摸了刚烧过开水的电水壶，如果皮肤热辣辣地疼，那就是被烫伤了。虽然这类烫伤都属于轻微伤，但是也一定要把烫伤的部位放到冰水中冷却，然后再用纱布覆盖住，不然就可能发生细菌感染。

如果吃了滚烫的食物会被烫伤吗？

当然会！如果吞咽了滚烫的饮料或者食物，舌头和上腭就可能会被烫伤，严重的话，连食道都会被烫伤。如果咽下了很烫的食物被烫伤的话，要马上喝凉水。嚼咽冰块也是一个好方法。

来做一些安全知识小问答吧！

被烫伤的时候应该怎么做呢？请在下列正确的内容后面画“○”，错误的内容后面画“X”。

❶ 如果被三度烫伤，那么关节部位可能就无法活动了。（　　）

❷ 烫伤部位很容易被细菌感染。（　　）

❸ 如果是二度烫伤，那么用冰敷疗法就足够了。（　　）

❹ 如果被烫起了水疱要马上弄破，防止里面充满脓液。（　　）

❺ 如果被热水烫伤了舌头就喝一点儿水。（　　）

什么是低温烫伤？

冬天如果长时间使用发热贴或者暖手炉、电热毯等就可能造成烫伤。像这样发生在40～70摄氏度左右的烫伤被称为低温烫伤。要想避免低温烫伤，就不要让发热贴直接接触皮肤，要隔着衣服使用。睡觉时也不要把电热毯的温度调得太高。另外，使用取暖工具时不要距离自己太近。

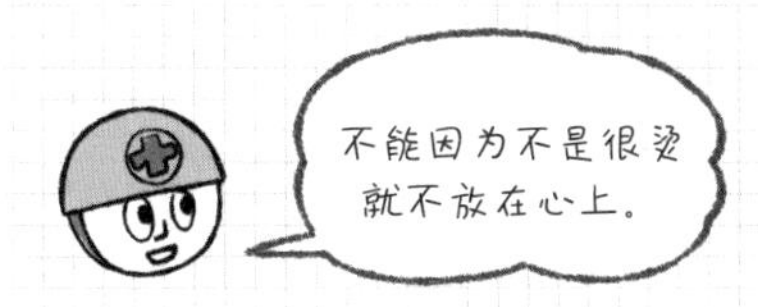

6 经过施工现场的时候要注意!

经过施工现场时要这样做！

- 不可以在施工现场周围闲逛。这里到处都是危险物品，而且万一摔倒也可能造成严重伤害。
- 不可以站到施工现场或者地铁附近的换气口上，一旦承受不住你的体重可能会突然掉下去。
- 经过施工现场或者换气口时最好有大人在旁边。
- 不要踩窨井井盖，可能会突然掉下去，或者由于窨井井盖翻转造成伤害。
- 经过施工现场附近时要小心头顶，因为可能会有工具或者建筑材料从上面掉落。

向安全王提问吧！

为什么在施工现场要小心？

在施工现场就连大人都有可能遭遇事故。所以为了防止有人随意进入，施工现场都会设置围挡。在高层建筑物的施工现场可能会有东西从高空掉下来，所以经过这里时要好好观察上面、下面和四周。还有，施工需要的很多建筑材料可能会胡乱地摆放在地面上，要注意不要被绊倒。经过施工现场附近时一定要向施工现场负责人确认是否可以从这里经过。

为什么不能站到换气口上面呢？

换气口上面的盖子不是为了让人走才设置的，所以可能会承受不了你的体重而掉下去。大部分的换气口都高于普通道路，而且还设置有围墙，不上去就不会有危险。但是普通道路的路面上设置的换气口也很多，所以要时刻注意。

经过窨井井盖的时候也要注意吗？

窨井是深埋地下的下水道的“门”。虽然使用钢铁制造，非常结实，但是有时候井盖会老化或者没有盖紧，那么你就会突然掉下去。还有，如果井盖没有盖好，那么你的脚就有可能被卡到里面。有时候也会因为水压过高，井盖会被水顶出。所以，经过窨井的时候尽量离得远一些。

来做一些安全知识小问答吧！

经过施工现场或者换气口周边的时候应该怎么做呢？请在下列正确的内容后面画“○”，错误的内容后面画“X”。

❶ 经过施工现场的时候有很多大型施工设备，所以要注意。（　　）

❷ 漆黑的夜晚不要从施工现场周围经过。（　　）

❸ 因为换气口都是用结实的钢铁制成的，所以站上去也没关系。（　　）

❹ 换气口是为了人们经过而设置的。（　　）

❺ 因为水压过高，窨井井盖可能会突然翻起。（　　）

正确答案在159页哦！

①此处内容已根据我国情况作出更改。——译者注

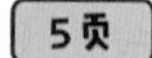

①○ ②× ③× ④× ⑤○

9页

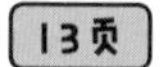

①○ ②○ ③○ ④× ⑤×

17页

①× ②× ③○ ④× ⑤×

21页

①○ ②○ ③× ④○ ⑤○

27页

①× ②× ③○ ④○ ⑤×

31页

①× ②○ ③× ④× ⑤×

35页

①○ ②× ③○ ④○ ⑤○

39页
①× ②× ③○ ④× ⑤×

49页
①× ②○ ③○ ④○ ⑤○

53页
①× ②× ③○ ④○ ⑤○

57页
①× ②× ③× ④○

61页
①× ②× ③○ ④○ ⑤○

65页
①× ②× ③× ④○ ⑤○

69页
①× ②○ ③○ ④× ⑤○

75页
①× ②× ③× ④○ ⑤○

79页
①× ②× ③○ ④○ ⑤○

83页
①○ ②○ ③× ④○ ⑤×

87页

①○ ②○ ③× ④○ ⑤○

91页

①× ②× ③○ ④× ⑤○

95页

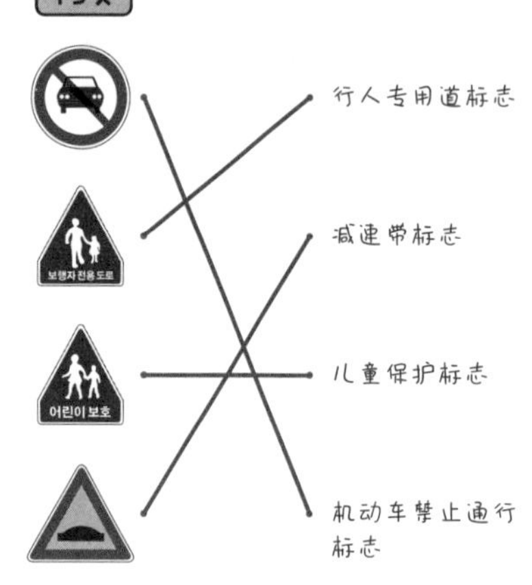

99页

①× ②× ③○ ④× ⑤×

105页

①○ ②○ ③× ④× ⑤×

109页

①○ ②× ③○ ④× ⑤○

113页

①× ②× ③○ ④× ⑤×

117页

①× ②× ③○ ④× ⑤×

121页

①× ②× ③○ ④○ ⑤○

125页

①○ ②× ③○ ④× ⑤○

135页

①× ②× ③○ ④○ ⑤×

147页

①○ ②○ ③○ ④○ ⑤×

151页

①○ ②○ ③× ④× ⑤×

155页

①○ ②○ ③× ④× ⑤○